AF294019

IMPRESSUM:

Michael Thalhammer
Konzepter

A-1120 Vienna/Austria
Tel.: +4319195724
www.earthsolar.info
e-mail: thalhammerm@yahoo.de

Verlag: **tredition**
Text-Inhalt *mit Farbbildern*
findest du auf meiner Website.

ISBN:

Krisen - HOFFNUNG – Lösungen

Michael Thalhammer

Fossilfreie Energieoptionen, Sozialausgleich, Naturschutz und Innerseelisches

3

Kapitel:

In **1.0** sind einige Hintergründe- und Lösungen zu unseren heutigen Krisen beleuchtet.

Ab **2.0** bieten sich Ansätze zu ressourcenschonenden und nachhaltig CO2-freien Innovationen an. Die anschaulichen Lösungen richten sich an Investoren, Industrien, Politik sowie an alle am Weltgeschehen interessierten Leser und an meine 27.000+ LinkedIn Kontakte.

Und in **3.0** spannt sich der Bogen von "no future" hin zu Mut und Möglichkeiten eines freudvollen Lebens aus den ureigensten inneren Aspekten.

———————————————

Die gebotenen Inhalte haben keine kommerzielle Ausrichtung.

Sie sind nur Ratgeber bezüglich Technik, Klima und Religion.

———————————————

I N H A L T

1.0 HOFFNUNG!

Dieses große Wort - hier bewusst vorangestellt - in einer Zeit in der die Klimaprognosen Unheil verheißen, und Armut, Kriege und Artensterben die Sorge vieler geworden ist. Eine Hoffnung, welche schon immer unsere stärkste Antriebskraft in schweren Tagen war, und die hinaushob über alle Ängste, Sorgen und alles Leid. Sie vermag dies auch heute noch und begegnet Euch hier, geschätzte Leser, in allen drei Kapiteln. Besonders aussagekräftig und zugleich glaubwürdig leuchtet diese Hoffnung ab der zweiten Hälfte auf, wo sie auf die "Glaskugelschau" zeitlicher Voraussagen verzichtet. Im Kapitel 3.0 IST EINE ENKELGERECHTE ZUKUNFT NOCH MÖGLICH? ist eine positive Bejahung auch in sinnvoller Weise gegeben. Nämlich dort, wo sich das Innerseelische mit dem Übersinnlichen ohne weiteres schon immer begegnet, ja, verbindet.

Ob initiiert von Klimawissenschaftlern*, den vielen Umweltaktiven NGO`s oder von der Jugend in Fridays4Future - es führt sicherlich kein Weg vorbei an den großen anstehenden Änderungen, welche uns die beständig ansteigende Klimaerwärmung auferlegt. So änderten bereits etliche namhafte Firmen und Konzerne schon heute ihre Produktionsweise, und selbst einige Superreiche rufen nach einer höheren Besteuerung ihrer großen Vermögenswerte.

Zugleich aber haben sich die obersten Privateinkommen wie auch deren »privater Jet-Flugverkehr« in kürzester Zeit verdoppelt! Ein echter Klimaschutz wird aber bestimmt nur in ganzheitlicher Weise Erfolg haben, welche zuvorderst die besonders armen Menschen in den weniger entwickelten Regionen dieser Welt mit einbezieht, und zugleich umfassende Naturschutzpläne umsetzt.

Denn, kümmern sich wir und unsere Politiker weiterhin zu wenig um das Leid der an den Rand gedrängten Mitmenschen, und weiterhin nur marginal um die natürlichen Habitate restbeständiger Populationsdichte, so werden wir als eine Menschheit, auf diesem ehedem lebenserfüllten und Wunder-vollen Planeten unweigerlich gemeinsam Scheitern.

* Der Diplom-Meteorologe *Sven Plöger* erhellt in seinem Buch „Gute Aussichten für morgen" - leicht verständlich und unaufgeregt das eher komplexe Klimawandel-Thema.

<u>Wir und unser Klima</u>

Was ist zu tun unter dem rasch fortschreitenden Klimawandel ?

Fern von medial überzogener Panikmache, doch bei diesem Thema geht es um die Zusammenhänge von äußerer- *und* innermenschlicher Atmosphäre. Denn beide üben in wechselseitiger Weise einen nicht geringen Einfluss auf unsere Klimaabläufe aus.

Mittlerweile ist wohl ziemlich jedem klar geworden: die Menschheit muss sich eher sofort als im Übermorgen »zukunftsfit« machen. Und, in gegenseitig ehrlicher Anerkennung als »eine Menschheit« kann noch die Kraft notwendiger, kluger Handlungen erwachsen. Denn auch Menschen folgen ihrer spezifischen Art von »Schwarmintelligenz« - in guten-, wie manchmal auch in schlechteren Fällen. Zum Glück ist diese Intelligenz weder bloß chaotisch, noch rein zufällig. Wie zu allem in der Natur verfolgt diese, eine gesunde, für die jeweilige Art lebensförderliche.»Zielsetzung«.

Vor allem sind es diese weltweit zum Erhalt unserer Lebensgrundlagen wirksamen Kräfte, welche positiv dazu Beitragen, dass Natur, und mit ihr die Menschheit noch ausreichend weit vor einem nahenden Ende stehen. Andererseits lähmen uns unsere eingeübten Gewohnheiten - bei gleichzeitig schlechtem Gewissen - uns aktiv zu formieren, um die Geschäftsweisen der gängigen Geldwirtschaft als die wahren Klimatreiber zu erkennen und zur Veränderung zu drängen. Hinzu überfluten uns manche Medien mit so-tun-als-ob-Informationen, welche uns suggerieren sollen, dass sich ja ohnehin ständig etwas zum Besseren hin ereignet. Dieserart Einschläferung - tag-täglich begleitet von verstörenden Horrormeldungen - erzeugen eher eine unterschwellig wirksame Verunsicherung anstatt der nötigen Aufklärung.

Die Folgekosten der Klimaschäden

... beziffern sich schon jetzt auf ein Mehrfaches der aufzuwendenden Investitionen, welche für einen Ausstieg aus den fossilen Energien von Nöten wären. Zugleich sind jedoch ein x-faches dieser Summen als passives Kapitalvermögen in den "privaten Vermögensverwaltungen" ihrer Anleger eingebunkert. Diese fehlen natürlich für soziale Belange und den nötigen Umbau zur Klimaberuhigung. Doch gewähren diese <u>Megakapitalien</u> der Handvoll Superreichen der Welt ja immerhin auch die finanzielle Deckung sämtlicher weltweiten Staatsverschuldungen. Trotz-dem - oder gerade deswegen - wird deren Überreichtum weiterhin zunehmen, wenn die Finanzgebarungen so bleiben wie bisher. Abseits allseitiger Neiddebatten müsste dies auch niemanden groß tangieren. Niemanden? Wäre da eben nicht zugleich die enorm breit anwach-sende, bitterste Armut so vieler unserer Mitmenschen auf Erden! Hier dürfen wir unsere Fiskal-politiker nicht untätig bleiben lassen!

Bezüglich unserer äußeren Atmosphäre

Ohne Atmosphäre wären unsere Erdentage wie am Mond: einerseits ein frostkaltes, tiefes Schwarz bzw. auf der anderen Seite eine heiße, gleißende Helle, ohne blauem Himmel. Denn bei fehlendem Streulichteffekt, ohne die Ionosphäre als Filter und Schutz gegen die harte kosmische Solarstrahlung als faktisch effizientem Schild, wäre unser irdisches Leben gar nicht erst möglich geworden.

Nur dadurch erstrecken sich über uns einige Kilometer an atembarer Luft. Neuerdings jedoch auch das schwerere CO_2*, welches vor der Industrialisierung gerade einmal eine Höhe von etwa

3 Metern hatte. Inzwischen hat dieses CO2 jedoch bereits eine bodenbedeckende Durchschnittshöhe von fast 30 Metern erreicht! Das viele, vor allem von industrialisierten Menschen bedingte CO2, bewirkt nun die bekannt starken Turbulenzen und extremen Wetterkonditionen, welche sich nun, unter dem zu hoch erwärmten »Glashausdach« und den allzu abrupt kälteren Luftmassen darüber, bilden konnten bzw. mussten.

CO2 wiegt ~2 kg pro Raummeter, Luft wiegt ~1,3 kg a´ Raummeter und Methan ,~0,7 kg pro Raummeter.

Auch unser Verkehr erhöht tagtäglich den toxischen CO2-Pegel. So postete kürzlich der Pressesprecher des Verkehrs-Club-Österreich über LinkedIn: „Es bleibt absurd, dass wir 1 bis 2 Tonnen Metall in Bewegung setzen müssen, um durchschnittlich 80 Kilogramm Mensch durch die Gegend zu chauffieren". Gemeint ist die gängige Praxis der PKW-Auslastung. Klar ist leider auch, dass heute nicht jeder bereits auf Öffis umsteigen kann. Dazu sind deren Netze im ländlichen Bereich noch zu dünn ausgebaut.

Nur 1 bis 2 gefahrene Kilometer mit dem Auspuff in das Innere eines Autos, tötet unweigerlich deren Insassen. Daher ist jede einzuführende Tempobeschränkung zumindest ein Segen für´s Ganze. Weitere Tempolimits wären natürlich ein Fortschritt zu einer allgemein gesunden Entschleunigung. Eine stille Werbung wäre daher ein 100 km/h-Pickerl an deiner Heckscheibe.

Gefährlicher als unser Zuviel an CO2 erscheint mir die, die vielen Kriege befeuernde Waffenindustrien, welche so erfolgreich durch ihre Zwietracht und Hass schürenden Strategien gedeihen, sowie die Atomindustrie, mit all den ungelösten Nachfolgeproblemen von deren ausgedienten AKWs.

Insgesamt sind dringend schmälere, dezentralere Formen von Produktion, Handel, Energie und Wirtschaften, auf nationalen wie auch globalen Ebenen nötig.

Jedes Land für sich hätte genug vor eigenen Türen zu kehren und soll sich nicht ständig auf die „globalen Wirtschaftszwänge" ausreden. Gerade auch die ungesunden Wertschöpfungen aus unseren Monokultur-Äckern und in Folge, deren Mangel an lebensnotwendigen Bestäubern, sowie Fichtenforste in Tiefenlagen, welche eigentlich das Habitat der Laubholzwälder wären – erbringen gefährlich sinkende Grundwässer und austrocknende Böden mit sich. Übrigens: eine mit Bäumen bepflanzte Straße ist bei sommerlicher Hitze, gegenüber einer Straße ohne Bäume, um bis zu 20° kühler. Ohne Wälder wäre es mit dem schönen Leben hier insgesamt schon vorbei!

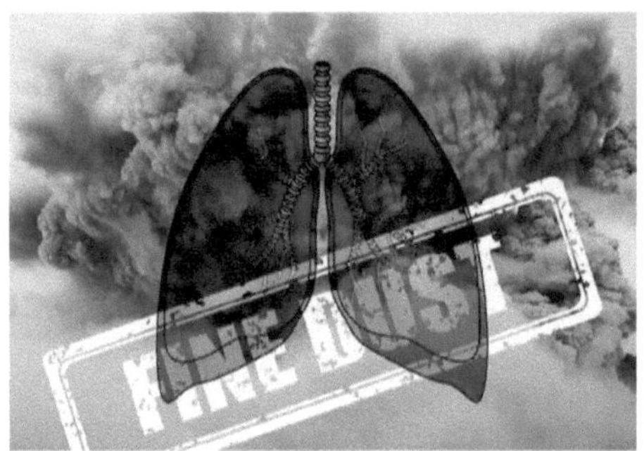

In Summe geht es natürlich um alle an den CO_2-Emissionen beteiligten - wie der Bau- und Schwerindustrie, der Landwirtschaft u.v.m.. Denn, allem Leben im "Fahrgastraum Erde" ergeht es ja zunehmend gleich bedenklich. Und der in letzter Zeit entstandene hohe Anteil an Feinstaub (im Nanobereich) überwindet leider sowohl die menschlichen Zellwände als auch die Hirnschranke! Dieser Feinstaub ist nicht nur krebserregend, er beschädigt nach und nach auch unser genetisches Erbgut. Zugleich findet sich auch Mikroplastik und sonstiger Müll bereits überall, und bis in Meerestiefen verstreut!

Aber auch <u>jeder Einzelne</u> von uns ist gefordert, Tag für Tag bewusste und auf Nachhaltigkeit zielende Entscheidungen zu treffen. Denn wir können die industriellen Umweltstandards vornehmlich über unser <u>Konsumverhalten</u> - zumindest in einigem - zum Besseren verändern. Ändern wir dieses Verhalten, so wird dies zugleich auch unserer Gesundheit guttun.

"Das Hauptproblem der derzeitigen Erderhitzung ist weniger die absolute Temperatur, als die Geschwindigkeit, die jegliche Form der Anpassung für Mensch und Natur stark erschwert", meint *Marc Olefs* vom Department Klima-Folgen des »GeoSphere-Austria«.   "

Wir und unsere Wirtschaft

Der Überseeverkehr brachte uns z. B. die Probleme biologisch invasiver Übernahmen, durch im Ballastwasser eingeschleppter Meerestiere herbei. Und unser beliebter Ferntourismus macht aus Epidemien schon mal ein massives Pandemiedesaster.

Die derzeitige Durchschnittstemperatur von 1,2° C übertrifft Österreich mit 2° C bereits. Und - von den 117.000 Österreichischen Landwirtschaftsbetrieben haben alleine im Jahr 2022 wieder 1000 Bauern ihre Höfe auflassen müssen! Die übernommenen oft gesunden kleineren Wälder und Felder werden sodann ins industrialisierte „Umsätze erzeugen" eingegliedert – mit all den krass-kranken Folgen.

Hier erreichen nur notwendige bzw. klar verordnete Gesetzesgrundlagen eine mögliche Änderung. Mit der von der neoliberalen Politik gewollten „Freiwilligkeit zur Marktentwicklung" kann und wird in Klimabelangen sicherlich gar nichts erreicht werden! Daher können nur die klar Notwendigen und somit jeweils ebenso <u>klar verordneten Gesetzesgrundlagen</u>, die für Klimarelevanz echten Fortschritte erringen. Ein ernstgemeintes 1,5° C Ziel bedarf nun dringlich einer »Not-OP« - denn so wie bei einem Blinddarmdurchbruch - will man den Patient überleben lassen – so darf er keinesfalls unbehandelt bleiben!

Den vielen heute bereits positiv wirksamen Verordnungen will ich 7 weitere hinzufügen:
1.1 Sieben Ansätze zum Umstieg aus den bereits chronischen Wirtschafts- und Finanz

<u>**-sackgassen**</u> :

O   Ein Schnitt zu allgemeiner <u>Schuldenentlastung</u> könnte den "Gamechanger" ausmachen! Dieser Schritt wird nötig, um Arbeit, Handel und Mobilität vor einem jederzeit möglichen, totalen Handels- und Finanzkollaps zu bewahren. Der Beschluss würde weder die gegebenen Hierarchien noch die jeweiligen Staatsstrukturen tangieren. Und er würde Megasummen ansonst passiven Kapitals in umweltverträgliche Projekte schwemmen. Dieser Ratschluss bildet die finanztechnisch nötige Voraussetzung zum bereits heute möglichen fossilstofffreien Produzieren. In der Folge kann er auch saubere Transportlösungen auf den Weg bringen, generell biologische Lebensmittel wachsen lassen und Tierleid-freien Fleischkonsum ermöglichen. Er könnte ein breites, menschliches und friedliches „Auslangen" ergeben – eingebettet in einer wie ehedem ausgeglichenen Natur.

O   So könnte nun beispielsweise »der im Finanzbereich renommierte <u>*Lary Fink** - Chef von Blackrock</u> - die Rolle des historischen Griechen Solon** übernehmen«. Immerhin wäre er der erfahrene Frontmann unter den Vermögensverwaltern, mit Reputation zu sämtlichen Währungen und in bester Verbindung zu etlichen Großanlegern. Unter Umständen käme dieser Beschluss zu Umschuldungen von der Hochfinanz selbst, denn er würde zum klimatischen Überleben auch zugleich einen monetären Neubeginn bewerkstelligen. Schon um 594 v. Chr. hat die griechische Polis Athen einen vergleichbaren Solidaritätsschritt »mit Wohltaten für alle« vollzogen. Heute kommt unter der Pandemie, den Naturkatastrophen und den jüngsten Kriegsfolgekosten sogar das globale Finanzsystem an den Rand seines »lukrative Gewinne« einbringenden Vermögens. »<u>Genau dies lässt möglicherweise auch einen radikalen Neustart erwarten</u>«!

 **besser noch durch: Bill&Melinda Gates*

O   Erst durch derart <u>globalen Paradigmenwechsel</u> zu weitreichenden "Green Investments" werden die Kryptojongleure und Waffenlobbyisten dem »NewDeal« beistimmen. In Ausstattung wie in der Pandemie, als »<u>Notverordnungsmaßnahmen</u>« gegen die gängige „Schmutzwirtschaft" lassen sich auch die dringend nötigen CO2-Verringerungen durchsetzen. Auch erwartet die gesamte Weltbevölkerung *seit langer Zeit* genau das von der Hochfinanz, Industrie und Politik!

O   Vorrangig die <u>Schwellenländer</u> müssten schon längst den vollen "Schnitt" eines Schuldenerlasses erfahren; nur so können diese ihre prekäre Lage im Weiteren selbst behandeln und ihre bedingungsfreie Souveränität in grundrechtlicher Würde bewahren. Damit ist keineswegs eine kommunistische Neuauflage gemeint; denn der Schritt zu dieser vorgeschlagenen Maßnahme würde erreichen, was in alter Zeit alle 50 Jahre durch das jüdische Jubeljahr zum Guten hin bewirkt hat *(Lev. 25,8-55).*

O Besonders vielversprechend erscheint mir, die Erforschung einer gekoppelten Großflächen-Anwendung von PV-ThinFilms, Rücken an Rücken mit Folien von Graphen-Aluminium-Ionen-Batterien! Diese könnte eventuell eine fossilstofffreie und somit stark CO2-reduzierte Energie-zukunft ermöglichen. In ausgereiften Anwendungen würden sie die unmittelbare Speicherung der solar geernteten Energiemengen in äußerst platzsparender Weise erlauben. Auch <u>Wind-säulen</u>, wie die von *Vortex-Bladeless*, stellten bei rascher Verfügbarkeit eine Basis für eine annähernd energieautarke Gesellschaft dar. Bereits diese drei Ansätze könnten in ihrem nach-haltig nützlichen Gebrauch eine ehest umsetzbare, Fossilstoff-freie Energiewirtschaft erwirken.

O Wenn sich unsere vielfältigen Kulturen auf die eigenen Wurzeln und Bräuche und <u>das örtliche Wirtschaften innerhalb der jeweils eigenen Regionen</u> zurückbesinnen, können wohl auch globale Krisen von der Wurzel her geheilt und bewältigt werden. Die Politik kann und muss die Voraussetzungen schaffen, dass heimisch-regionaler Warenaustausch auf unsere grundlegenden Lebensmittel und Gebrauchsgüter – vor all dem weitläufig zerstreuenden Welthandel - gesetzlichen Vorrang erlang! Nur anders nicht verfügbare Güter sollten importiert werden dürfen.

O Staatlich verordnete <u>zukunftsorientierte Regulative</u> haben im Blick auf das Arbeits- und Wirtschaftsrecht wichtige Funktionen, insbesonders auch im Hinblick auf Ethik, Freiheit und Moral. Dem aktuellen Turbokapitalismus internationaler Prägung kann und muss mit staatlichen Gesetzen der Vorrang für unsere heimische Wirtschaft eingeräumt werden! Nur so können wir im globalen Lohn- und Preisdumping bestehen, ohne zum Spielball sonderbarer Abmachungen fragwürdiger Mächte zu werden. Dadurch befreit sich unser Wirtschaften und die landwirtschaftliche Bauernschaft aus dem globalen Preisdruck. Wesentliche Wertschöpf-ungsketten blieben - mit nachfolgend wohl erstaunlicher Resilienz - im eigenen Land.

** Um 600 v. Chr. blühte der Handel in Athen. Das aus dem Ausland eingeführte Getreide war billiger als das von den heimischen Kleinbauern, daher verarmten viele, und es kam zu sozialen Unruhen. Um einen blutigen Bürgerkrieg zu verhindern, übertrug die athenische Bevölkerung dem adeligen Solon 594 v. Chr.

das Schiedsrichteramt. Die nun folgenden Reformen bildeten die Grundlage der athenischen Demokratie (Volksherrschaft). Der griechische Historiker Plutarch berichtete 100 v. Chr. über die sozialen Missstände – vor Solons Reformen. <u>Das ganze griechische Volk war den Reichen verschuldet</u>. Entweder bearbeitete die Landarbeiter das Land für die Landeigner und lieferte den Sechsten der Erträge ab, oder sie wurde - wenn sie unter der Verpfändung ihres Leibes Schulden aufgenommen hatten - von den Gläubigern abgeführt und mussten als Sklaven dienen. Viele wurden auch genötigt, ihre eigenen Kinder zu verkaufen. Als nun Solon Herr der Lage geworden war, da befreite er das Volk, indem er Anleihen auf Personen untersagte und einen Schuldenerlass durchführte [...] ***Quelle: Plutarch > Solon, Übersetzt v. K. Ziegler****

============

Auch heute gibt es die erlaubte Frage: Wenn global alle Staaten (allen voran die USA) eine mehr oder weniger hohe Schuldenlast tragen - bei wem sind all diese Schulden verbucht, bzw. wer hat solche gewaltigen Summen real verborgt? Und haben sich nicht gerade diese Kapitalverleiher zuvorderst für die global soziale und ökologisch katastrophalen Situationen verantwortlich gemacht? Zum Beispiel sind in nur drei Jahrzehnten so gut wie alle österreichischen Dörfer wirtschaftlich entkernt und entseelt worden! Ehemals regionale KMU-Inhaber wurden zu Pendlern und Konsumenten herabgewürdigt, welche nun zu flächenver-siegelten Handelskettenzentren am Rand ihrer Dörfer einkaufen fahren müssen. Auch bedecken diese bereits »global-Uniformen« wie eine "Markenwarenseuche" alle Städte und etliche Dörfer, quer über alle ehemalige Kulturvielfalt. Doch wenn die Greißler sterben, sterben auch die Dörfer! Die aktuelle Globalwirtschaft muss jedoch kein auswegloser Zwang bleiben, oder!?

Lasst uns daher schnell wirksame Chancen ergreifen - welche mittels technischer, aber besonders auch geistiger Alternativen (zu fragwürdigen Lebenseinstellungen und deren spezifischen Angewohnheiten) eine rasche CO_2 Umkehr gewähren. Um uns und weiteren Generationen ein zumindest verlängertes Auskommen zu ermöglichen, braucht es <u>mutige Entschlussfassungen</u>. Daher auch die dringliche Forderung »jetzt« eine heilsame Klimapolitik aktiv voranzutreiben. Es geht ja um's Ganze – um Sein oder Sterben! Nun mal ganz ehrlich: geht es nicht um verantwortungsvolle, schnellstmögliche Betreuung, hin zu einer natürlichen Bodenfruchtbarkeit, mit all den zur Pflanzenbestäubung (über)lebensnotwendigen Insekten? Wollen wir aus unseren Gärten und Äckern nicht auch noch übermorgen etwas auf die Teller bekommen? Der "stumme Frühling" ist doch bereits zu 2/3 Wirklichkeit geworden!

Sanfte Technik begegnet globalen Krisen

Nicht nur "Krieg ist der Vater aller Erfindungen", sondern eher jene guten Ideen welche aus höherer Inspiration geboren sind. Jene, welche aus überströmender Freude entstanden sind, sind besonders in den letzten 200 Jahren zu technisch umwälzenden Neuerungen gelangt. Hier braucht es nun die <u>richtige Selektion</u>, um jeweils die hilfreichen-, von den längerfristig schädlichen Errungenschaften zu trennen. Dazu ein paar wenige Beispiele:

o 1864 erfand *Nicolas Otto* seinen Motor   :-(

o 1886 meldet *Carl Benz* sein „Fahrzeug mit Gasmotorbetrieb" zum Patent an   :-(

o am 8. November 1895 entdeckte der Physiker *Wilhelm Conrad Röntgen* die nach ihm

   benannte Strahlung   :-)

o 1926 überquerte ein mit einem *Flettner*rotor betriebenes Schiff den Atlantik   :-)

o 1945, zum Ende des 2. Weltkrieges, wurde über Hiroshima und Nagasaki je eine Atombombe erprobt   :-(

o Bereits in den 1880er Jahren gab es Fahrräder mit Kettenantrieb und Lufträdern :-)

o In den 70er Jahren nahm die photovoltaische Nutzung Fahrt auf   :-)

o Ab 2000 wurde Nachhaltigkeit allgemein und weltweit wichtig   :-)

o 2002 entwickelte ich TWS als Verkehrs- und Transportsystem. Siehe dazu mein YouTub-Video: "*TubeWaySolar* - For a clean future   :-)

o Bis heute fallen mir nach und nach technische Alternativen zu, welche ich nachfolgend im Teil 2.0 skizziere. Schon alleine mit diesen ließen sich 80% an Ressourcen und CO2-Ausstoss einsparen :-)

Marie von Ebner-Eschenbach

Das "Zufallen" guter Ideen <u>überkommt</u> uns (mich) meist nachts - im Schlaf - wie ein Geschenk an die Menschheit, das von oben kommt. Andere prinzipielle Möglichkeiten wurden uns von tief unten eingeflößt; wie z.B. der Nutzen aus Uran, Hochrüstung oder die Verbrennung fossiler Kraftstoffe. Sie brachten unsägliches, massenhaftes Kriegsleid, und – mit dem weltweit ungebremsten CO_2-Anstieg - die unrühmliche, stetige Klimaaufheizung herbei.

Enkelgerecht ?

Wir bewohnen gemeinsam den besonders schönen aber auch sehr sensiblen Lebensraum Erde. Und wir erleiden gemeinsam die Folgen der bis heute anhaltenden Naturzerstörung; jedoch verspüren wir diese regional in unterschiedlicher Intensität. Fast alle bisherigen Strukturen erfahren daher die ungewöhnlichsten, massivsten Einbrüche aller Zeiten. Doch auch die Abläufe innerhalb aller Kapital- und Wirtschaftsstrukturen kommen zusehends in dieselben Turbulenzen wie unser weltweites Klima.

Die Kehrtwende aus unseren wesentlichen Sackgassen ist dringend von Nöten und doch noch möglich! Um zu breiter Anwendung zu gelangen, laden auch die unter 2.0 vorgestellten Erfindungen ein. Es geht dabei um einfach umsetzbare Lösungen der Problembereiche unseres industriellen Agrar-, Bau- und Verkehrswesens. Mit diesen Ansätzen lassen sich die CO_2-Emissionen, der Verbrauch von Stahl, Beton und Erdöl sowie der vieler anderer Ressourcen um bis zu 80 % reduzieren! Es ist an den Herstellern, das jeweilige Konzept bezüglich seiner technischen Details, zu prüfen - und, »*es liegt an jedem von uns, auch wenn vieles nicht von uns abhängt*«.

Zum klimawirksamen Gegensteuern gibt es zwar ganzheitlich ansetzende Analysen, Wissenschaftswarnungen und technische Alternativen. Doch es lässt sich nicht schmackhaft reden, dass eine krass reduzierte Erdölförderung - mit weniger Asphalt, Agrochemie, Zement und Plastik - in unserer überzogenen Konsummentalität einiges an Liebgewonnenem verändern wird. Die Beschlüsse von Rom, COP26 in Glasgow und zuletzt die von 2021 in Paris mussten bereits einiges in die künftige, ab 2030?! wirksame fossile Energiereduktion hinein-riskieren – und werden dazu wohl jährlich nachzubessern haben.

Denn angesichts der letzten Pandemie, der fortwährenden Kriege, der großen Naturkatastrophen sowie all dem großen Migrationselend und allgemeiner Desorientierung wird auch deutlich ersichtlich, dass wir nur sehr wenig in der Hand haben - beherrschen und verstehen können. Nichtsdestotrotz, ein ernsthaftes 1,5° C-Ziel bedarf jetzt dringlich einer »Not-OP«; denn, so wie bei einem Blinddarmdurchbruch - will man den Patienten am Leben halten, so darf er nicht unbehandelt bleiben! Daher auch die dringliche Forderung »jetzt« eine gesundheitsorientierte Klimapolitik aktiv voranzutreiben. Es geht ja um´s Ganze – um´s Sein oder Aussterben! Mit dem schönen Leben wäre es hier insgesamt bald vorbei! Übrigens: eine mit Bäumen bepflanzte Straße ist gegenüber einer Straße ohne Bäume um bis zu 20° kühler!

Dieser Prozess könnte all das was eigentlich ausufernd ist, bereinigen. Dann eröffnet er auch Einsichten und Wege zu dem hin, woran es uns und der gesamten Biosphäre mangelt: wie etwa an Artenvielfalt, gesundem Umgang mit Ackerflächen, Wasser und Luft, und und und. <u>Die Grenzen des Wachstums sind eben bereits sehr real und deutlich spürbar geworden</u>. Daher werden die heute noch mächtigen Konzerne, einschließlich OPEC, Automobilhersteller und die großen Energiebereitsteller einlenken müssen und noch auf echt nachhaltig umrüsten. Das Hemd wird diesen wohl näher werden als der Rock. Es wird die Sorge um die entfesselten Naturgewalten sein, die auch sie umdenken und neues planen lässt. Der gängige Neoliberalismus und unsere auf uns selbst bezogenen Ideologien bleiben letztlich ja ebenso wie »Hunz und Kunz« an das prekäre Klima und an die ohnehin bereits allzu weit ausgedünnte Biosphäre gebunden!

Ich hoffe, dass diese Gedanken nicht bloß von meinem Zweckoptimismus hergeleitet sind. Sonst bekäme der Spruch »Krieg und Leichen, die letzte Hoffnung der Reichen« Recht. Vielmehr glaube ich, dass Hoffnung langlebiger ist, und dass die schöpfungserhaltenden Kräfte die nötigen Durchbrüche erwirken werden.

Diese Hoffnung sollte/könnte/dürfte auch das Interesse und die Logik unserer Finanzmogule, Wirtschaftreibenden und Politiker mitbetreffen! Dafür lohnt es sich allemal auch dir vehement einzutreten !?

=========

<u>Zum Eintauchen ...</u> **ANTHROPOLOGISCHES** ... im Zeitraffer. Betrachtungen über wesentliche Zeit- bzw. Entwicklungsetappen der Menschheit bis heute:

Steinzeit

nomadisierende Jäger und Sammler

Matriarchat - Bronzezeit

Viehzucht

Ackerbau

Naturreligionen - magisches Denken

diverse Hochkulturen

große Weltreligionen

Jesus gründet seine Kirche

Mittelalter

Aufklärung

Industrielle Revolution

Kommunismus

Sozialismus

Kapitalismus

Klimakrise

... und daraus vieles noch heute in unterschiedlichster Parallelentwicklung Gegebene. Menschlicher Eigensinn, spirituelle Geistlichkeit und Herrschermächtigkeiten lagen zueinander in allen Phasen und Zeiten im Kampf. Auch die Säkularisierung hat diese Spannung nicht nivelliert.

Bei über <u>8 Milliarden Erdenbewohnern</u> werden uns Luft, Wasser und andere wesentliche Ressourcen zusehends knapp. Das gängige Wirtschaftsmodell ständiger Konkurrenz entpuppt sich als zunehmend absurd - und es würde uns noch weiter in blinden Raubbau und neue verheerendste Kriege treiben. Lediglich eine Lebensstandart-Reduktion auf vor 1960 hat Aussicht auf die Zielerreichung von 1,5° C.

Der Autor von "Raus aus der Klimablase *Alexander Behr* meint: ... es muss die sozialökologische Transformation der Übergang zu einer Postwachstumsgesellschaft sein, in der nicht die Steigerung der materiellen Produktion Vorrang hat, sondern das Wohlergehen aller Menschen". Und *Jean Ziegler* meinte gar: „Entweder wir zerstören den Kapitalismus oder er zerstört uns." Aber diese Frage wird nicht weiter theoretisch diskutiert, sondern es wird pragmatisch auch nach Wegen gesucht, wie der Kapitalismus verändert und geschwächt werden kann, sodass im bestehenden System erfolgreiche Strategien gefunden und verfolgt werden können, die die Zerstörung des Planeten verhindern. System change – not climate change." *Quelle: Sonnenseite, 15.4.2023*

Leider erscheint es derzeit fast unrealistisch, große Hoffnungen auf das nicht Überschreiten des 1,5° C Klima-Obergrenzwerts zu setzen. Denn, die gerade zeitgleichen Krisen lähmen die allzu trägen Wirtschaftsegoismen, und reißen im point of no return, die oft >nur angedachten Ziele der Politik< über Bord.

      Die gute Nachricht ist: Es ist zwar nicht zu erwarte, dass die paar Superreichen ihre krass unsozialen Ansichten ändern, und sich die, vor allem von ihnen am Köcheln gehaltene <u>CO$_2$-Klimabefeuerung</u> sobald eindämmen kann. Jedoch braucht es nur eine eher kleine kritische Masse von Leuten, welche deren Abkehr vom derzeit sozial "Ungesunden" letztlich doch auszulösen vermögen. Eventuell haben die »Sustainable-Development-Goals«* also doch noch Aussichten auf ihre reale Implementierung?! Denn, sobald mehr als 3,5 % der Bevölkerung hinter deren Zielen stehen, können die Lobbyisten der Gegenspieler den Ruf nach Nachhaltigkeit nicht länger stoppen oder ignorieren. Sie werden dann einfach überstimmt!

Tatsächlich werden heute Konzerne und sogar Regierungen mittels Umwelt-Rechtsanwälten zur Einhaltung der Klimaziele immer öfter auch erfolgreich verklagt. Somit haben die friedlich agierenden »Klimaschutzgemeinschaften« heute das nötige Potenzial zur Einleitung der großen, anstehenden Erneuerungen. Auch leiden die Allerreichsten längerfristig selber unter ihren Doppellügen. Klimawandel leugnen und zugleich zu wissen, dass er faktisch real ist, stresst vermutlich insgeheim auch sie.

Als klimaneutrale <u>Energieoptionen</u> gelten - nach Langzeitbeurteilung unserer weitsichtigen System- und Klimaexperten - nur noch der Einsatz von Geo- und Solarthermie, Wind- und

Wasserkraft sowie Solarfolien, Salzwasser- und Luft-Eisen-Batterien und Biogas. Auf atomare, fossile, Kobalt/Lithium und, wie auch immer generierte Wasserstoffnutzungen*, müsste - trotz der hohen Energiedichte dieser Stoffe - verzichtet werden. Warum? Weil wir sonst - in Verbindung mit den chemiebasierten Turbolandwirtschaften und gleichzeitigen Auswirkungen von z.B. rückläufigem Cerealien-Welthandel und Trinkwassermangel - noch schneller unter den Druck der rapide anwachsendenden Klimaaufheizung geraten. Eine wirtschaftsstrategische Blindwütigkeit würde uns unversehens klimatische, soziale und biosphärische "Höllen auf Erden" entfesseln.

*Wasserstoff ist kein Primärenergieträger, der einfach irgendwo abgebaut und verwendet werden kann. Wasserstoff muss zuerst erzeugt werden und dafür braucht es Rohstoffe wie Erdöl und Erdgas oder auch Biomasse und Wasser. Es muss also zuvor e-Energie von außen zugeführt werden.

Der "LAZARUS-EFFEKT"

Lebensspendender Regen fällt vom Himmel - Zins-geldströme aber fließen immer aufwärts!

Angesichts des mächtigen Diktats der maßgebenden Wirtschaftshierarchien* erscheint es mir beinahe unseriös, Hoffnung gebend von einem erwartbaren, menschenmöglichen CO2-Stop zu schreiben. Hoffnung aber stirbt nie; auch wenn das massive menschliche Massenelend zuvor--

derst aus dem beschämend-krassen Übergenuss der Zinsgeldströme durch ein paar wenige Nutznießer entsteht. Und das ist einfach deshalb so, weil ... "Niemand kann zwei Herren dienen: entweder er wird den einen hassen und den andern lieben, oder er wird dem einen anhangen und den andern verachten. Ihr könnt nicht Gott dienen und dem Mammon." Doch *in Math.6 steht nicht, dass Gott auch das Herz sieht und; keiner sich zum Richter aufspielen soll.*

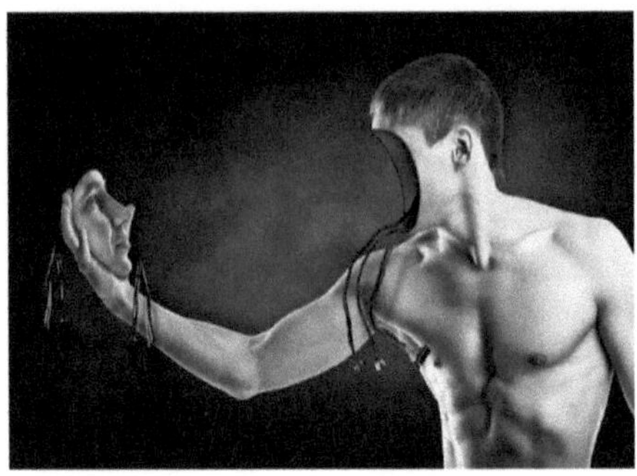

Dass die Klima- und manch vermeidbare Kriegskatastrophe den real Hauptschuldigen zur Verantwortung eines Tages zukommen wird, dies kann jeder Sorg-los-Prasser in der effektiv anschaulichen Lazarusgeschichte in *Joh. 11,41-44* nachlesen.

... abwärts von den Metakapitalien, hin Waffen- und Schwerindustrien, zu Ölmultis, Automobilherstellern und e-Industrien, den Cerealienkonzernen, Pharmabetrieben usw. - reicht diese Hierarchie bis hin zu den Sorgen beladenen und mühsam ihren Microcredit abstotternden Familien, in deren zumeist prekären Wohnverhältnissen.

"Wenn du aktuell bereits unter der Hitze leidest - sie wird in Zukunft leider noch schlimmer und gefährlicher. Wer schon einmal in heiß-feuchten Gegenden unterwegs war, kennt das Problem: Diese Hitze ist noch viel unerträglicher und drückender. Der Grund dafür ist, dass unser Körper seine Temperatur unter solche Bedingungen weit weniger gut regulieren kann und leichter überhitzt. Das Ergebnis: Bereits ab einer Feuchttemperatur von 31°C konnten die Teilnehmer:innen einer Studie ihre Temperatur nicht mehr regulieren. Das galt auch für junge und gesunde Menschen. 31°C Feuchttemperatur erreicht man zum Beispiel bei 38°C und einer Luftfeuchtigkeit von 60% - Bedingungen, wie sie auch bei uns schon heute im Sommer auftreten können."   *Quelle: Newsletter/Moment.at*

Dennoch, es bleiben viele mögliche Optionen bestehen - zu welchen ich dich im nächsten **Kapitel 2.0** (TOPten- Ansätze ermöglichen die CO2-Emissionen, den Stahl-, Beton- und Erdölver-brauch und den vieler weiterer Ressourcen um bis zu **80 %** zu reduzieren) - einlade ...

===============

* Auf dem Nachhaltigkeitsgipfel am 25. September 2015 beschlossen die Vereinten Nationen die **Agenda 2030 für Nachhaltige Entwicklung**. Diese Agenda beinhaltet die sogenannten 17 Nachhaltigkeitsziele der „**Sustainable Development Goals**" (SDGs). Damit gibt es zum ersten Mal einen universalen Katalog, der alle Nachhaltigkeitsdimensionen beinhaltet. Das **Ziel** der Agenda ist, bis 2030 globale Entwicklungen nachhaltig zu gestalten.

»Nachhaltigkeit besteht aus den folgenden drei Dimensionen: Dem Sozialen, der Wirtschaft und der Ökologie. Als nachhaltig gilt laut gängiger Definition etwas nur, wenn diese drei Bereiche dabei gleich gewichtet berücksichtigt werden und mit Blick auf die Zukunft eine langfristige, tragfähige Lösung bilden«.

- Armut und Hunger beenden und Ungleichheiten bekämpfen

- Selbstbestimmung der Menschen stärken, Geschlechtergerechtigkeit und ein gutes und

• gesundes Leben für alle sichern

• Wohlstand für alle fördern und Lebensweisen weltweit nachhaltig gestalten

• Ökologische Grenzen der Erde respektieren: Klimawandel

bekämpfen, natürliche Lebensgrundlagen bewahren und nachhaltig nutzen

• Menschenrechte schützen – Frieden, gute Regierungsführung und Zugang zur Justiz gewährleisten

• Eine globale Partnerschaft aufbauen

<u>Buchtipp</u>: **Maja Göpel** - "Unsere Welt neu denken" und

Sven Plöger – "Zieht euch warm an, es wird noch heißer!"

2.0 AUTONOM FAHRENDE ACKERGERÄTE

Mich treibt es leidenschaftlich an, etwas so lange weiterzuentwickeln und zu verbessern, bis es perfekt funktioniert. Neue Wege zu gehen und alte Techniken und moderne Arbeitsverfahren zu kombinieren macht mir großen Spaß. So entstand auch dieses Konzept für den landwirtschaftlichen Gebrauch.

Denn, seit langem sind grundlegende Fehlentwicklungen in der Praxis heutiger Landbewirtschaftung zu vermerken. Der Preis hoher Erträge geht zu Lasten des biogenen Mutterbodens

und führte zu permanenter Abhängigkeit von den Produkten dominanter Chemie- und Agrar-
konzerne.

Das nachfolgend beschriebene Ackergerät wäre mit mehreren positiven Effekten verbunden: es
ermöglicht rationellen Biolandbau, ist leicht anwendbar, leistbar, zeitsparend und durch seine
Einsatzvielfalt sehr praktisch.

Ähnlich einem selbstfahrenden Rasenroboter, kann für diverse leichtere Bearbeitungen im
landwirtschaftlichen Gebrauch ein solarbetriebenes Balkenausleger-Fahrzeug entwickelt,
hergestellt und in der Folge im Landgerätehandel angeboten werden. Zur ersten Raumori-
entierung dient ein um den Ackerrand ausgelegter Begrenzungsdraht, an dem der Zeilenweg-
Wechsel des Gerätes einsetzt. Die Software "lernt" so, jede Ackerparzelle autonom (nach der
ersten Begleitung ohne Begrenzungsdraht) abzufahren. Die aufwendige Autonomous-Drive-
Technik per 5G und deren GPS-Anbindung (welche für geplante Straßenmobilität unabdingbar
ist) ist hier nicht nötig - denn zwei (li – re) Auslegerkameras haben die jeweils aktuelle Zeile
erfasst und sie in ihrer Wegleitsensorik "kartiert". Und so dreht das Gerät am Ackerende jeweils
von.selbst.in.die.nächste.Zeilenposition.

Die Arbeitsbreite wäre variabel zwischen 1,4 bis 7 Meter*. Das Ackergerät fährt auf vier
leichtbereiften e-Rädern mit je 500 Watt Leistung** und vier weiteren stromlosen Begleiträ-
dern. Mit seinen etwa 10 m² Dünnschicht-Solarfolien liefert es auch bei diffusen Lichtverhältnissen die durchschnittliche, leistungsabdeckende Strommenge. Eine Hinzuschaltung mitge-
führter Akkus stellt einen u.U. nötigen Restbedarf bereit.

Die Energie für die mechanischen Ackerverrichtungen kommt aus einem Carbon-Druck-
lufttank, welcher am Hof seine Aufladung erhält.

Das Grundgerät wird mit zur jeweiligen Anforderung mit entsprechendem Aufsatz gekoppelt.
Eine speziell ausgelegte Bord-Software erkennt z.B. optisch das aufkeimende Unkraut. Eine
Reihe hydraulischer Lanzen trennt es punktgenau ab der Wurzel ab und verhindert deren
Weiterwachsen. So verschafft das Gerät - bei trockenem Wetter eingesetzt - die entscheidende
Dominanz der jeweiligen Aussaat. Auch als Balkenmäher oder zur Heu-Zubereitung hätte es
jeweils entsprechende Aufsätze ***.

Mit in 3 m Höhe platziertem Wärmebildsensor könnten z.B. im Gras ruhende Jungtiere im Voraus erkannt- und durch Anhalten des Gerätes verschont bleiben (App-Verständigung aufs Handy).

Ein anderer Aufsatz sprüht ökologisches Pflanzenschutzmittel auf, anstatt üblichem "Round-Up"! Der Spritzguttank wäre ein separater Anhänger mit synchronem eigenem e-Rad. Auch lässt sich das Ausbringen einer Wurmkistenernte mittels Aufsatz erledigen.

Jungpflanzen setzen, durch die Kombination mit 2 – 3 »*Paper-Pot-Transplantern*«: diese bringen pro Minute hunderte Gemüsesetzlinge in den Boden. Im Handel beziehbar durch www.terrateck.com und zu sehen auf: https://www.youtube.com/watch - https://youtube.be/z4a5qce5Nf4 sowie unter https://youtu.be/z4aSoce5Nf4 .

Mit einem leichten Scheibeneggenaufsatz der den Oberboden sanft zerkrümelt, lässt sich die an-sich-fruchtbare-Erde auch ohne bedenkliche "agrochemische Hilfsmittel" aufbereiten.

Derart autonome Balkengeräte leisten - bei minimalem Arbeits- und Zeitaufwand und geringen Betriebskosten - wertvolle und umweltverträgliche Arbeitsschritte. Im Gerätelager benötigen sie etwa 2 m² und 4 m Raumhöhe. Am Weg zum und vom Feld sind die Ausleger hochge-klappt****. Nur zur Getreideernte und für größere Feldfrüchte braucht es weiterhin die gängigen.Landmaschinen.
Pfleglich behandelte Böden haben gerade ohne tiefes Pflügen ein reich geschichtetes Mikro-leben. Erst das tiefe Pflügen macht sie nährstoffarm und beraubt sie ihrer natürlichen Funktion als Mutterboden! Denn, mit regelmäßigem Fruchtfolgewechsel und zuvor sanfter Bodenbear-beitung ist eine Rückkehr zu ertragreichem Bioanbau möglich.

Ob mit Direktzuschuss beim Erwerb oder in steuerlicher Absetzbarkeit - es soll für autonome, solare Ackermobilität, wie schon beim Erwerb eines e-PKWs eine Umweltschutzförderung geben. Denn sonst fährt ein Landwirt weiterhin (jährlich 4 – 9 mal) auf seinen Äckern Unsummen fossiler Kilometer ab - Zeile für Zeile für Zeile!

Diese CO2-trächtigen Strecken ersparen uns die leichten, mit Sonnenstrom fahrenden Ackergeräte - in sauberer Weise.

Soziale und wirtschaftliche Aspekte, die mit Nutzung dieser HiTech-Gerätschaft erwachsen:

An den bereits 24.000 bäuerlichen Ökobetrieben Österreichs ergäben sich signifikante Standards und Verbesserungen: die Frauen müssten nicht mehr etliche, monotone Traktor-fahrende Stunden am Acker verrichten. Sie wären aber am Hof und als Mütter bei ihren Kindern. Ihre Männer wäre keine pendelnden "Nebenerwerbsbauern", sondern könnten, anstatt auf Monokultur angewiesen zu sein, vielfältige Früchte in guter Bioqualität ernten.

Das bäuerliche Beackern würde so einem freudlosen Rackern weichen. Die Agrarprodukte regionaler Bauern könnten im Ökoverband - als Fairtrade-Bio-Lebensmittel eine erfreuliche Rendite erbringen. Alle Tätigkeit diente dann allgemeiner Lebensmittel-Fürsorge, und wäre nicht nur eine unterbezahlte "Funktion" für eine Nahrungs-Zulieferindustrie.

Diese Entwicklung wäre - einerseits mit Blick auf die steigende Konsumentennachfrage und andererseits mit dem Wunsch zur bäuerlich ursprünglichen Freude und Liebe an Aussaat und Ernte - mit den leichten, selbstfahrenden Balkengeräten bestens ermöglicht.

Solche Gerätschaften könnten von mehreren Kleinbauern gemeinsam angeschafft und genutzt werden. Bei serieller Verfügbarkeit wären sie eine leistbare und bald Gewinne erwirtschaftende Investition und Traktor-Ergänzung.

Biodiverse Lebensräume brauchen zum Schutz der zahlreichen Tier- und Pflanzenarten einen verbindlichen etwa 5%igen Brachstreifenanteil. Dies wäre ebenfalls eine wirtschaftlich vertretbare und unverzichtbare Maßnahme. Auch wären einem Gemeindebudget eine Förderung für ihre Imker (etwa 2 € pro Bienenstock) zumutbar. Sie entgegnen ja einem ansonsten bevorstehenden stummen Frühling!! Solche Maßnahmen führen direkt zu einer raschen Re-Ökologisierung. Auch hierzu wäre eine <u>Umweltschutzförderung</u> sinnvoll. Deren Bezugsberechtigung ließe sich ja per Drohnenbilder gut kontrollieren.

Die vielen chemisch bedenklichen Allround-Gifte haben die Insektenvielfalt radikal minimiert - und damit leider auch die der Singvögel auf deren Speisezettel Insekten ja stehen. Daher sind 75 % aller Insekten in den letzten 30 Jahren verschwunden! Insgesamt hat es zu wenig der vormals üppigen Vögel, Blumen und Schmetterlinge.

Auch gilt es, dem im Turbokapitalismus sich global vollziehenden Entwicklung einer rapiden "Landflucht" und ungesunden Verstädterung mit »technisch Neuem« ehesten Einhalt zu gebieten! Ohne Neubesiedelung der Naturräume, also der Heimkehr aus der oft fatalen und unglücklichen Verstädterung, werden wir die Kurve in eine lebensnahe Zukunft kaum hinbekommen. Manche folgen dieser wertvolleren Orientierung bereits und beziehen alte Bauernhöfe. Die menschliche Ernährung mit LEBENsmitteln beruhte ja seit je her auf den vormals eher Kleinbäuerlichen Strukturen und deren Mischkulturanbau.

** Die Balkenarme bestehen aus vier 1,5 m langen, abnehmbaren Elementen mit jeweils einem Rad. Deren*

Armgelenke bewirken eine flexible Bodenanpassung. Dem Auslegerrahmen sind die PV-Folien aufsteckbar. PV-Folien erzeugen z.B.: ARMOR solar power films, <u>Heliatek</u>®, Flisom, Alwitra-Evalon cSi®, FirstSolar®, Nanosolar®.

*** Die 10 cm breiten Flachfelgen sind im Vollkontakt von einem Gummiprofil ummantelt. Eine anfällige Luftschlauchbereifung ist hier gar nicht nötig. Die Radspeichen münden an den Naben oder dem 500 Watt starken Nabenmotoren.*

Das 1 m breite Mittelteil führt den Drucklufttank und die Akkus, welche am Hof mit dem PV-gespeisten Kompressor und der Ladestation reaktiviert werden.

****Am Hang wird die Arbeitsleistung effizienter weise nur bergab fahrend erbracht. Das Tempo wird je nach Leistung etwa zwischen 10 und 25 km/h liegen.*

*****Auf dem Weg zum Feld oder zum Hof wird das Gerät, auf dem Mittelteil sitzend, per Joystick gesteuert. Dazu erfolgt die passende Sicherheitscode-Eingabe. Alle Feldarbeit ist per App steuer- und überwachbar. Im Lifecycle bieten die ca. 50 kg Alu-Rohrstreben (+ 40 kg Rädergewicht) zur Gänze bestes recycling-Rohmaterial für weiteres.*

Die vertraglich festgelegten SDG´s müssen von den Unterzeichnerstaaten innerhalb fixer Zeitpläne aktiv umgesetzt werden. Diese Ziele sind mit den jeweiligen Lenk- und Förderinstrumenten - zum Gemeinwohl und um der Schöpfung willen - notwendig und auch erreichbar!
Global taugen mehr als die Hälfte der von Menschen besiedelten Böden, auf Grund ihrer geologischen Gegebenheiten, *nur* für die Forst- oder *nur* zur Viehwirtschaft. Jedoch sollten die Nutztiere dieser Regionen weder ein ständiges Stallleben fristen, noch unsinnige Zufütterungen erhalten; sie sollten also so natürlich wie möglich leben können.   T

Die Nahrungsmittelindustrie und der Agrochemieeinsatz haben die Kleinbauern mitsamt ihren Böden "ausgeblutet", und so verkauften unzählige Bauern ihre wenigen Hektar Land. Nicht wenige ehedem stolze Bauern haben sich vor Not und Verzweiflung sogar umgebracht! Eine Umkehr beginnt über das Erkennen der Zusammenhänge von: Mono"kultur", Artensterben, Extremklima, rastloser Eile und das vom Markt gesteuertem Konsumverhalten, Land"Flucht" und Verstädterung – um nur einige zu nennen.

Diese patentfreien Anregungen brauchen nun regionale Umsetzungen von unseren Landtechnik-Herstellern und durch die entsprechende Agrarpolitik - das ist meine starke Vision ...

Bisher scheinen meine an sich nachhaltigen Erfindungen - aufgrund schlafender Politik und verharrender Industrien - noch nicht voranzukommen. Doch auch sie können - als bloß technische Verbesserungen - auch nicht gerade die Arche eines Noah ergeben!

Eine solche Arche stellt aber z.B. ein gesunder, <u>großteils Natur-überlassener Wald</u> dar: er speichert Unmengen an Wasser, verdunstet eine Vielzahl der Aerosolen welche zur Wolken-bildung nötig sind, er hebt den Grundwasserspiegel an, ist pure Biodiversität und Erholung, und er liefert außer Sauerstoff, ausreichende Mengen an Holz, welches ja immerfort nach-wächst. Unter 800 bis 1.000 Höhenmetern sollten eigentlich nur Laubgehölze stehen!

Hier stelle ich nun zukunftstaugliche, ebenso non-fossile Ansätze vor:

LINKS:

https://www.pveurope.eu/installation/flower-power-better-field-irrigation-water-harvesting-flower-strip-photovoltaics
www.oekoregion-kaindorf.at
www.fmnr.org = Farmer Managed Natural Regeneration

www.cgiar.org
www.plant-for-the-planet.org
www.sonnenerde.at

www.aquakulturinfo.de,-aquaponik
www.verticalgardening.de
www.youtube.com/elcarbonero
Wurmkiste - selber bauen / # Terra Preta / # Holzkohleöfen.

<u>BUCHTIPP</u>: des Försters *Peter Wohlleben* – <u>Das geheime Leben der Bäume.</u>

<u>**Warum veröffentliche ich**</u> diese somit verschenkten Ansätze zu patentfreiem Stand der <u>Technik</u>?

Erstens erstreckt sich Patentschutz nicht auf dringend notwendige Umweltschutzerfindungen, wenn wie hier, vorrangige Öffentlichkeitsrechte berührt werden. Zweitens sind Patentrechte und deren Verteidigung praktisch nur noch durch große Firmen und so gut wie nie durch eine Privatperson realisierbar. Und drittens lassen sich veröffentlichte Ideen als "open source" schneller verbreiten. Sie und jede Firma können diese Ansätze also zu einer Produktlinie Ihrer Marke ausbauen. Keine Lizenzen, keine strikten Bedingungen.

Leider werden die im Genf ansässigen Weltpatentamt und nationalen Patentämtern patentierten Besitzansprüche auch auf Medikamente, Saatgut, genetische Kreationen also sogar auf Lebendiges als »rechtmäßig«? zugelassen. Dies zeigt, wie sehr diese Domäne bereits zu kapitalistischen Werkzeugen verkommen ist.

© by Michael Thalhammer - Juli 2011 - Technisch aktualisiert, Wien, 12.04.2011

Flower Power bringt Blühstreifen + Windschutz + Water harvesting + wirtschaftliche Solaranlagen auf den Acker und erhöhen somit die Dürreresistenz und steigern den

31

Agrarertrag. Es ist eine Landwirtschaftsförderung durch ökonomische Solaranlagen. Siehe: https://www.pveurope.eu/installation/flower-power-better-field-irrigation-water-harvestingflower-strip-photovoltaics

<u>Hauptvorteil</u> - wegen den auf 2,5 Meter hochgestelzten Solarerntefeldern kann die Bodenfläche darunter frei bearbeitet werden und Erträge von schattenliebenden Nutzpflanzen einfahren.

Wir haben im deutschen Raum noch immer genug Regen, aber der ist schlechter verteilt und kann von den Feldern nicht richtig aufgenommen werden. Wenn es denn regnet, dann oftmals auch in Form von Starkregen. Auf den ausgedörrten Flächen fließt das Wasser dabei einfach ab und nimmt auch noch die gute Erde mit. Hier kann Flower Power helfen.

Diese Blühsteifen-Photovoltaikanlagen verfügen im Gegensatz zu anderen Anbietern zusätzlich auch über Windschutz Elemente und Vertiefungen zur Wassersammlung. So verbinden wir Biodiversität, Artenschutz, Insektenschutz und Stromerzeugung mit Ernährungssicherung. Es steht etwas weniger Anbaufläche zur Verfügung, hat aber höhere Erträge und ist besser vor den Folgen der Klimaerwärmung geschützt.

<u>Auch</u> nord/süd-ausgerichtete, senkrecht montierte PV-Zeilen wären gut für eine doppelte Bewirtschaftung zu Solarstrom und landwirtschaftlicher Ertragsfläche geeignet. Sie ernten auf ihrem 1 m breiten Blühstreifen aus ost & west die Energie, bieten Windschutz und Teilbeschattung und lassen 95% als Anbaufläche über. Das sind also 18 Meter-Streifen biodiversen Ackerbodens.

Hoffen auf Regen - *von Mathias Fellinger*

Alles Menschenmögliche, wenn es getan ist, und darüber hinaus nichts mehr getan werden kann, dann ist die Zeit des Hoffens gekommen.

Hoffen auf Regen und beten um Regen. Endlich! Regen. Menschenmöglich: Den Acker erwerben, den Boden planieren, Maschinen pflegen, das Korn in die Erde bringen. Und warten. Und hoffen. Doch das Saatgut hast du nicht selber gemacht, kein einziges Korn, und auch den Boden nicht, diesen Urgrund aus Sternenstaub. Menschenunmöglich. Staub, Sonne und Regen. Und Leben. Du kannst es nicht machen. Hüten, bewahren, beleben. Kaufen, planieren, benützen. Backen, genießen. Das kannst du. Schaffen nicht. Menschenunmöglich!

Der Mensch ist ein Hoffender auf Regen. Wenn es getan ist, das Menschenmögliche, und der Regen gekommen ist, den du erhofft hast, dann lade zu Tisch und erzähle von deiner Hoffnung auf Regen.

Und teile. Und lache.

Und lebe.

= = = = =

TUBEWAYSOLAR

Entwicklungsstudie zu einem solar-pneumatischen Leitstreckenverkehr - *Michael Thalhammer*

Kurzfassung

Es war im Millenium, als mir die gedankliche Verbindung von einer Rohrpost zu einem modernen Verkehrssystem aufleuchtete. TubeWaySolar war geboren.
TubeWay könnte die Antwort auf viele Herausforderungen unserer Zeit sein: einerseits Mobilität langfristig zu erhalten und andererseits die Umwelt nicht weiter durch CO_2, Lärm und Gestank zu belasten.

Es war mir bald klar, dass der Antrieb dafür ausschließlich von der Sonne kommen soll. Auf den Röhren großflächig aufgebrachte photovoltaische Folien erzeugen elektrischen Strom aus Tageslicht.

TubeWay gleitet schnell, leise und emissionsfrei in gläsernen Röhren - und hat die Kapazität einer 6-spurigen Autobahn. Geschwindigkeiten bis zu 300 Stundenkilometer können erreicht werden.

Die Strecke verläuft auf eleganten Hochtrassen und bietet freie Sicht aus durchschnittlich 7 Meter Höhe. TubeWay beansprucht nur wenig Grund und Boden. Natürlich gewachsene Lebensräume bleiben für Menschen, Tiere und auch für die landwirtschaftliche Nutzung erhalten.

Mit TubeWay können Personen wie auch Güter befördert werden. Etwa 100 Personen oder 10 t Fracht finden in einer Kabine Platz.

Sicherheit wird bei TubeWay großgeschrieben: das gesamte Streckennetz wird über computerunterstützte Leitzentralen gesteuert und überwacht.

TubeWaySolar hilft, die Energie- und Mobilitätswende voranzubringen. Mein großes Anliegen ist es, dass wir unseren einzigartigen Planeten schützen und unseren gemeinsamen Lebensraum erhalten.

Siehe auch mein Video in: http://www.youtube.com/watchv=19YDKukm2vc&t=18sn   >>
TubeWaySolar - for a clean future.

Nun folgt das kleinere, für den Regionalverkehr konzipierte Netz TW-Sit-in-surf (TW-SiS); diesem folgt das TW-Inter-City (TW-IC Netz) - und danach das urbane TW-Ver- und Entsorgenetz TW-40 (cm). Weiters wird auf deren technische Systemsicherheit und wesentliche Geschäftsaspekte eingegangen.

Teil eins:

TubeWaySolar in der Sit-in-surf Variante

Veranschaulicht ist hier das TW Sit-in-surf (TW-SiS Netz) mit etwa 1,9 m Innendurchmesser und seinen ca. 20 m langen Kabinen. Seine Anwendung wäre dem urbane Raum und als Regionalverkehrsnetz von großem Nutzen.

Sit-in-surf bietet, bei seitlichen Zu- und Ausstiegen zu den 3er-Bank Sitzreihen, eine hohe Beförderungsdichte. Mit je ~ 75 Personen, in kurzen Intervallen, welche besonders dem Berufstätigen- und Innerstädtischen Verkehr zugute kommt, bildet es ein zukunftsweisendes, übergeordnetes Verkehrsnetz.
Als Güterkapazität bietet das SiS Platz für etwa 16 Paletten mit bis zu etwa 6 Tonnen Frachtgewicht an.

Die hier verwendeten Sandwich-Spiralblech-Röhrenwege wären den Belastungen im ländliche Terrain, wie auch diversen klimatischen und jahreszeitlichen Gegebenheiten, gut gewachsen. Die Länge der Rohrmodule wäre hier etwa 20 Meter. Die Distanz der Pfeilerbögen beträgt ~ 100 Meter.
TW als Sit-in-surf ist überall gut zu starten; und hierfür sind pro Streckenkilometer nur etwa eine Million Euro zu veranschlagen. Auch an Vorentwicklungskosten sind nur etwa ein Drittel der Kosten einer TW-IC-Strecke zu erwarten.

Auch im "SiS" werden die Benutzer über das Ticket bzw. den Frachttarif zeitlich gesteuert; die Kabinen dienen zwischen 23 und 6h vorwiegend als Frachtkapseln. Fahrgäste wie auch Güter gleiten so jeweils als Kapseln bzw. Kabinen.

Dieses Kurzstreckennetz bietet bis zu 70 Sitzplätze ohne Sicht ins Freie an, doch ließe sich dezente Musik einspielen.
Dem Platzbedarf für Kinderwägen und Rollstuhl sind etwa 3 m des Innenraums zu widmen. In diesem Kurzstreckennetz werden keine Bordtoiletten geboten, jedoch bekommen größere Stationen ihre Toiletten.

TW-SiS fährt im Stadtbereich mit max. 85 km/h; im Regionalbereich erreicht es bis zu 180 km/h; das große TW/IC „fliegt" hingegen grob geschätzt mit bis zu ~ 310 km/h übers Land. Innerstädtisch verlaufen die Streckenführungen knapp über die Gebäude hinweg und ruhen teilweise auf diesen. Alle vorgeschlagenen Dimensionen gelten hier bloß als Konzeptbeschreibende Schätzungen.

Wie funktioniert TubeWaySolar technisch?
Grundsätzlich sind Zwei-Richtungs-Strecken angedacht, welche mit flexiblen Abstandshaltern parallel zueinander geführt werden. Trageseile*, Röhrenverbund und Pfeilerbögen gewähren die erforderliche Befahrsicherheit derart ausgeführten Hochtrassen.

Die brückentechnische Statik trägt eine Zweirichtungsstrecke, die Gleiteinheiten und den Medienstrang in ~ 7 Meter Höhe. Einer Bogenstütze kommen ca. 30 Tonnen Streckengewicht plus ~ 13 Tonnen an Befahrlasten zu tragen. Die schlanken Strecken-Pfeilerbögen halten - per schwingungsfreier Spannseiltechnik - die TW-Strecke auf ihrem Kurs.

Jede Kabine bzw. Cargo-Kapsel gleitet im permanenten Luftstrom zu ihrem vorcodierten Ziel. Sie gleiten über eine 1 m breite, spiegelglatte und mittels VHB-Tape von 3M Scotch geklebte Nirosta-Stahlblechrinne.

Die Sohlen der Kabinen tragen Gleitringe aus unverwüstlichem Teflon**. Diese in einer Korkbett-Trägerschicht eingelassenen Ringe (5 x 3 mm, 50 mm Durchmesser) tragen bei Volllast jeder ~15 kg. Alle 260 Gleitring belegen auf der 18 m² großen Sohle zusammengerechnet nur 0,5 m² Fläche. Sie bilden den dynamischen Permanentkontakt zur Hochglanzrinne.

In das Zentrum der Teflonringe mündet jeweils eine 2 mm Hartplastikleitung. Angeschlossen an einen elektrischen Bordkompressor vermitteln diese Leitungen je einen gleitoptimierenden Presslufteintrag. Auch diese Zuleitungen sind in der Korksohle eingelassen.

Der Presslufteintrag hebt die Kabinen aus der trockenen Gleitreibung in ein permanentes „Mikroschweben". Der ölfreie Kompressor holt seine Luft hinter der Kabine ab und verliert sie, über die Teflonringe, wieder nach hinten. Der Gleitreibungskoeffizient liegt dabei wohl im äußerst niederen Bereich von ~ 0,01. Der Bordkompressor wird gut schallisoliert.

*Der Rohrdurchmesser ist nur eine gemittelte Empfehlung, in dessen Dimension die gängigsten Stückgut-
größen ihr Beförderungsvolumen finden. Große oder zu schwere bzw. mit TW nicht transportierbare
Gefahrengüter fasst dieser Durchmesser nicht. Diese werden weiterhin mit Bahn- und Frachtbetrieben
befördert.*
*Die Kantprofil-Stützbögen mit ihren Verschraubsockeln tragen die zwei Strecken. Der Bogenzenit hält die
Spannseile, an welchen die Streckenmodule abhängend getragen werden. // Die Spannseile sind ultraleichte
Faserseile von Dyneema, Teufelberger oder Trowis. Sie sind stärker als Stahl, UVstabil, leicht, wasserab-
weisend und preisgünstig.*
*** Teflon (PTFE - Polytetraflourethylen) ist - als trägster Kunststoff - hitzebeständig, abriebresistent und
druckfest. Gleit- und Reibungswert sind beide nahe Null. Auch der extrem schwere Sarkophag für den
defekten Tschernobilreaktor konnte nur mittels Teflonplatten verschoben werden. // Dieses extrem langlebige Material ist - im Verhältnis zu Schienenrädern oder Gummibereifung - weit kostengünstiger.*

Nun zum Antrieb:
E-Lok-Vortriebskapseln* agieren in Abständen von 3 bis 7 km als alles anschiebende Pneu-
matik-Antriebe. Auf acht Kevlar-verstärkten Antriebsrädern fahrend, übertragen diese Lokomotiven ihre relativ sparsame Bullenkraft von gerade einmal ~ 3 kWh/km auf die stirn- und
heckseitigen Deckschilde der Kabinen. Die Vortriebskraft erreicht die vorderen und nachfolgenden Gleiteinheiten in dualer Sog/Druck-Leistung.

Die gelenkigen, ca. 2,6 Meter langen E-Loks folgen jeweils ihrer logistischen Arbeitsdiktion und
wechseln bei Bedarf über Umkehrbögen auf die Gegenfahrspur oder in Bereitschaftsschleifen.
Mit der Luftstromdynamik und der sanften Kraft von Sog und Druck, zieht und schiebt jede E-
Lok bis zu ~ 35 Einheiten mit sich. Dies vermittelt dem gesamten Non-Stop-System eine hohe
Gleitverlaufsruhe.

Die entstehende Lateralströmung zur Rohrwand ist im Verhältnis sogar weit geringer, als z. B.
beim Durchfluss von Wasser in einem Gartenschlauch.

Tempoänderungen erfolgen in kaum merklichen, sanften Übergängen und geschehen so: Per
Sensor werden die E-Loks auf das jeweils gewidmete Tempo, direkt vom Streckenabschnitt her,
geschaltet.

Um am Ort der Tempoänderung zu mehr oder weniger Abstand zwischen den Einheiten zu
gelangen, wird die bei der Verlangsamung als Überschuss anfallende Luft - mittels einer
Rohrbogenverbindung - auf die Beschleunigungsseite vis-a-vis umgeleitet. Die Energie aus der
Verlangsamung wird so vis-a-vis als pneumatisch verlustfreie Schubkraft eingebracht. Hinzu
ermöglichen auf der Strecke verteilte "Kamine" eine ein- bzw. ausleitende Luft-Volumen-
steuerung und Austausch mit frischer Luft.

Die hier komplex auftretenden laminar turbulenten und Grenzschicht ablösenden Ström-
ungen brauchen zur Gesamtplanung der Rohrwegspneumatik natürlich hochprofessionelle
Fachkräfte der Strömungslehre.

Rohrpost ähnliches TWS: Um die Luftstrom-Beförderung hermetisch zu gestalten, sind an der Kabinenaußenwand, zum Rohr hin berührungsfreie Filzdichtungen appliziert. Als Mehr-kammer-Dichtungen bildet deren Profil rotierende, vollständig dichtende Luftwalzen aus. Die in Fahrt gegebene Überdruckdynamik der sich selbst anfütternden Luftwalzen-Drehrichtung verhindert - an der somit hermetischen Dichtung - jegliches Vorbeiströmen des Vortrieb-mediums. Auch die E-Loks sind von einer Serie dieser Dichtungen umringt.

Alle Loks und Kabinen verfügen über kurventaugliche Gelenkverbindungen in ihrem Boden. Leer wiegen die aus Aluminium gefertigten *Kabinen* ca. 2000 kg und bieten in Reihen mit je drei Sitzplätzen bequemen Aufenthalt.

Mitgeführtes Gepäck findet jeweils unter dem Sitz seinen Stauraum; mit einem Klapptisch und Stromanschluss wird ein moderner Reisekomfort angeboten. Das Interieur wird optimal aus natürlichen Leichtbaustoffen (z.B. Bambus) gefertigt.

Die innere elektrische Versorgung wird mittels einer Kontaktbürste von einem im Rohrtop verlegten Flachleiter empfangen. Diese Kontaktbürste wird an einer Federdruckstange am Heck nachgezogen.

Eine Klimaanlage regelt die Frischluftzufuhr und die Innentemperatur des im Heck-Top angelegten Frischlufteinlasses. Die gefilterte Kabinenluft durchströmt die Fahreinheiten - in dosiertem Normaldruck - von hinten nach vorne.
Der Platz für Kinderwägen und Rollstuhl ist im Einstiegsbereich gegeben; diese Passagiere dürfen dort auch aussteigen.

Öffentliche Stationen sind dem dynamischen Hauptstrom als Bypass angefügt. Am Halte-punkt (meist über bestehende Verkehrsknoten) befördern zwei Fahrgastlifte die zu- bzw. aussteigenden Fahrgäste auf das Trassen- oder Bodenniveau.

Die Anfahrt der Kabinen in der parallel-separierten Stations-Bypasröhre geschieht mittels hydraulischer Hebelkraft. Die Energie für die Erstschubhilfe im Stationsbereich kommt zu ~ 70

% von der zurück eingespeisten Bremsenergie ankommender Einheiten; sie übertragen diese Kraft auf im Boden eingelassene Schwungrad-Dynamos.

An jeder Fahrgäste-Station (welche nachts als Güter-Verladeort benützt werden) wird das Bruttogewicht einer Gleiteinheit abgewogen; dem e-Bordkompressor wird der genau nötige Leistungsaufwand übermittelt. Auch wird der genaue Startmoment zur Einreihung, in die Permanentströmung des Hauptrohres, berechnet.

Schon beim Anfahren entsteht die beschriebene, hermetisch dichtende Luftwirbel-Barriere. Am Ende vom Stations-Bypass befindet sich (wie an der Einfahrt) ein Schleusentor. Ab diesem befindet sich jede Kabine in der logistischen Steuerung des Hauptstroms; und wird, von zuvor 40 km/h, mit nun 65 km/h mitgenommen. Diese Schleusentore arbeiten als flinke zweiflügelige Schiebetüren.

An Abzweigern teilt sich das Rohr auf; und beginnt mit der als Weiche gegabelten Rinnen-wippe. Die Zielvorgabe der Kabine orientiert zuvor die Weiche, während die andere Rohr-wegschleuse automatisch schließt. Am Abzweiger sitzt den Rohren je ein großer Lufteinlass auf. Diese besorgen den aktuellen Volumenbedarf ihrer Strecke.

An Zubringern wird ein gesteuertes Reißverschlussprinzip wirksam. Hier wird ein zuviel an Luft nach außen entlassen. Dort befinden sich auch Wende- bzw. Warteschleifen für den durch die Steuerzentrale konzertierten E-Lok-Einsatz.

In Kurven folgt das Lastgewicht seinem ungehinderten Schwung. Die Gleitrinnen sind dort breiter ausgeführt. Durch die Schwerpunktfreiheit sind die Kurven bei jeidem Tempo kaum zu fühlen. Auch Warenkapseln erreichen mit unverschobener Ladung ihre Destinationen. Pro Stunde sind 5 - 15 Messpunkt-Einheiten das Aufkommensideal.

Zu den solaren PV-Folien:

Durch Belegung der Rohrstrecken mit 1,5 m breiter PV-Dünnschichtfolie* erhalten wir ganzjährig einen enormen Stromgewinn. PV-Folien* liefern eine langlebige Nutzung und haben auch bei diffusem Tageslicht noch einen ergiebigen Eintrag an Sonnenstrom. Hinzu lassen sich, auf Nord/Süd-Strecken, die dort beweglichen PV-Zeilen automatisch dem O/W-Sonnenverlauf nachführen.

Die PV-Zellen halten die Strecken an heißen Tagen beschattet. Über den Tag entstehende Stromüberschüsse erbringen per Netzeinspeisung, die nächtliche Mobilitätsleistung**. Sommerliche Überschüsse werden an streckennahe Verbraucher zugeleitet. Alle Jahre werden die PV-Zellen und Rohre mit einer Nanoschicht für selbstreinigenden Lotus-Abperleffekt konserviert.

In Schneelastregionen führt entlang dem Top der Module ein intervales Heißgebläse einen Trennschnitt durch die Schneedecke aus. So rutscht der Schnee auf der Nanobeschichtung und wegen der Reflexionswärme der dunklen PV-Oberfläche zu beiden Seiten ab.

** Derzeit zeigen Anbieter wie:*
ARMOR solar power films, AltaDevices, Flisom, Heliatek, Alwitra-Evalon-cSi, FirstSolar, Nanosolar od. Solaronix mit ihren AgAs, OLED, DSSC, PSC oder CIGS- Dünnschichtzellen ein gutes Preis-Leistungsverhältnis. Sie sind zuschneidebar, leicht, selbstklebend, problemlos zu recyclen und auch bei diffusem Tageslicht ertragreich.

+   +   +

Michael Walde, Dip. Ing. für Hochvakuum- und Dünnschicht-Applikationstechnik schrieb mir am 18.11.2017 über LinkedIn:
Ich denke, die Idee ist sehr gut. Habe mal die Kalkulation mit Dünnschicht-Solaroberflächen auf die Transportrohre (grob) durchgeführt und kam zu dem verblüffenden Ergebnis, dass bei einer angenommenen Entfernung von 400 km bei einer Raumausnutzung von 50% auf dem Rohrdurchmesser immense Energiemengen zur Verfügung stehen würden: mindestens etwa 1,6

Millionen Quadratmeter für den solaren Gebrauch.

Bei einem jährlichen solaren Mittel von 1200 kWh / m² und 15% Wirkungsgrad liegt 105 W / m², also 168 kW, werden auf der berechneten Fläche der Strahlungsleistung zusammengefasst. Eine Elektrolokomotive benötigt rund 15 kWh / km [DB AG]. Bei einer Fahrzeit von 3 Stunden und einer Entfernung von 400 km würde die durchschnittliche Leistung pro Lokomotive 1500 kW betragen.

Die erzeugte Energiemenge würde daher für den Betrieb einiger Lokomotiven auf der fiktiven Strecke ausreichen; auch sollten die Rohrlokomotiven noch effizienter laufen als eine herkömmliche Elektrolokomotive. Interessant, auch wenn meine angenommenen Werte die Fakten sehr vereinfacht widerspiegeln.

++++++++

GaAs sind Galium-Arsen-Cells und CIGS-Cells und Preisgünstiger als die steifen, schweren Silizium-Paneele. Sie nutzen ein breiteres Lichtspektrum aus, und haben daher auch bei diesiger Wetterlage annähernd große Leistungsabgaben wie Siliziumzellen, welche ja nur bei direktem Sonnenschein Stromerträge liefern. OLED und CIGIS Folien sind von leichtem Gewicht, haben eine hinreichend hohe Lebensdauer; auch stellen sie kein Abfallproblem dar.

*** Zur Problematik eines generell wachsenden Speicherbedarfs für Stromüberschüsse gibt es den Ansatz von z.B. ADELE, das ist ein Druckluftspeicher-Kraftwerk oder dem www.lageenergiespeicher.de von Prof. Eduard Heindl.*

*** ON THE PROBLEM OF A GENERALLY GROWING NEED FOR STORAGE OF ELECTRICITY SURPLUSES, THERE IS THE APPROACH OF E.G. ADELE, WHICH IS A COMPRESSED AIR STORAGE POWER PLANT, OR THE WWW.LAGEENERGIESPEICHER.DE BY PROF. EDUARD HEINDL.*

=======

<u>TubeWaySolar bietet technische Lösungen zu folgenden Problemen heutigen Verkehrs:</u>

Anders als bei der Magnetschwebebahn, belastet TubeWaySolar weder die Gesundheit der Fahrgäste, noch die, der streckennahen Anrainer mit der bedenklichen mikro-Tesla-Strahlung* starker Magnete

CO2-Emissionen, Lärm sowie Reibungsverluste und die Verwendung fossiler Treibstoffe entfallen bei „TW" gänzlich

TubeWaySolar umgeht die Luftbedingungen, die im Freien herrschen, wo mit zunehmendem Tempo der Widerstand zum Quadrat ansteigt

TubeWaySolar überwindet spielerisch Höhen, überquert in Leichtigkeit Flüsse und Täler. Ein zu Bergfahrten normalerweise erhöhter Kraftaufwand bleibt diesem hermetischen System, durch das nachfolgende Abwärtsgleiten gleicher Lasten, nahezu gänzlich erspart

hohe Kosten zur Instandhaltung von Straßen, Autobahnen und der zumeist leeren Bahngeleise

Emissionen von Umweltgiften und Lärm; krankmachende Auswirkungen

Verschwendung wertvoller fossiler und anderer Ressourcen
- bei hohem und kurzlebigem Materialaufwand und
hohem Flächenbedarf für den Verkehr
Unfallhäufigkeit und Folgeschäden
Zeitverluste durch Staus und Stress
TubeWay's bieten also die Lösung zur Klima-notwendigen Verkehrswende an!

Physikalisches zu TubeWaySolar

Die Abschätzung des Energiebedarfs zur Erzeugung des Luftstroms ist mit der Rechnung „Rohrquerschnittsfläche mal Geschwindigkeit mal Druckaufwand" ermittelbar. Pro Gleiter gilt ein Wert zwischen *Hagen-Poiseullscher* Gleichung und *Reynoldscher* Zahl.

Wirkt auf unser Kabinenheck mit 3,2 m² Kreisfläche ein Druck von nur einer Zehntel Atmosphäre (= 0,1 kp/cm² oder eine 10 cm hohe Wassersäule), so wirkt auf die Kabine schon eine Kraft in Bewegrichtung von 3200 kp; damit würde ein Gewicht von 3 Tonnen in 5 sec auf über 75 km/h beschleunigt!

In TubeWay ist Luft das Antriebsmedium, welches nur von der lateralen Rohrwandreibung eine minimale Kraftminderung erfährt.

+   +   +

Wie sicher ist TubeWaySolar in Betrieb und als Struktur?

Die TW-Netze unterliegen – wie auch bei Eisenbahnnetzen üblich – nationalstaatlich separierten Gebietskörperschaften.
Dennoch braucht es einheitliche Standards – z.B. zur Netzerhaltung und Wartung. So sollen auch alle TW-Netze einen global einheitlichen Norm-Durchmesser aufweisen.

Als Verkehrsmittel der Zukunft ist TubeWay sensibel zu leiten und zu überwachen. Mit neuem Hochstandard für sicheren Beförderungsbetrieb setzt es auf Funk- und Glasfaser-Telematik sowie auf ein bestens ausgebildetes Betreuungs- und Fachpersonal in allen Bereichsstrukturen.

Das Ende einer regionalen Zentralsteuerung, geht ab Gebietsgrenze, jeweils an die Steuerung der Anliegerzentralen über.
Alle Systemfunktionen sind durch sich gegenseitig kontrollierende Rechenanlagen und Notstromaggregate abgesichert.

Nur Fahrgäste mit personaler, aktiver TW-Wertkarte können das Netz betreten und innerhalb

der gebuchten Routen nutzen.
Die Rohrtunnel sind gegen Begehungen so abgesichert, dass nur Zu- und Ausstiege in die Gleitkabinen möglich sind. Jeder Bahnsteig verfügt über Aufzeichnungsvideos und über mindestens einer Aufsichtsperson vor Ort.

Jede Kabine verfügt über eine Direktsprecheinrichtung, Feuerlöschdecken und ist Kameraüberwacht. Zur Anlagensicherheit sind die Strecken punktuell mit einer Druckanomalie-Erkennung ausgestattet und verfügen an sensiblen Punkten über äußere Schall- und Bewegungsmelder, und eventuell eine Nachtsichteinrichtung.

Die definierten Hochsicherheitsprogramme in der Logistikzentrale arbeiten unter ständiger Beaufsichtigung. Die höchste Entscheidungsinstanz bleibt bei menschlichen Systemüberwachern.
Eine eventuell notwendige Ausbremsung eines Abschnitts wird in der betroffenen Regionalzentrale durch örtlich begrenzte Umleitungen eingeleitet.

Bei einem Stopp, mit der Notwendigkeit auszusteigen, erfolgen Anweisungen aus der jeweils zuständigen Zentrale.
Reparatur- oder Rettungstrupps sind dann sofort instruiert und begeben sich entsprechend ausgestattet zum Ereignis.

Die Front- und Heckseiten der Kabinen verfügen über im Akutfall offene Fluchttüren; und an jedem Pfeilerbogen bietet die Strecke einen im Notfall benützbaren Zu- bzw. Ausgang plus Notabstieg (über querstellbare Leitersprossen).
Tritt der Bremsbefehl für einen Streckenabschnitt in Kraft, dann vermeidet ein Umleitsystem (per Umkehrschleifen, eine Station oder eine Parkschleife) diesen Abschnitt.

Einheiten hinter einer Handicapzone verlassen diese einfach; doch jene unmittelbar vor Ort werden angehalten und pneumatisch retour zur letzten Ausweiche gebracht. Die Beförderungen im Gesamtnetz bleiben somit unberührt.

Ein Auffahren lassen die Vorgaben der TW-Technik nicht zu. Letztlich fände ein stark komprimierter Luftpolster über die Gleitkapsel-Dichtungen zu einem gedämpften Bremsweg. Zudem sind die Einheiten, wie auch die einzelnen E-Loks, über die Zentrale abbremsbar.

Die transversal beweglichen Muffen-O-Ringe zwischen den Rohrmodulen, bieten den Betriebsstrecken selbst bei Hochwasser, Sturm oder mittlerem Erdbeben günstigen Verwerfungsspielraum und Bergemöglichkeiten.

Die TW-Pfeilerbögen, die sich nahe dem Bodenverkehr befinden, müssen bautechnisch einem eventuell schweren Aufprall entgegenhalten können und werden in entsprechender Bewährung umbaut. Gefahrengüter bleiben weiterhin der Straßenfracht und dem bewährten Bahn *park-and-rail.*anvertraut.
Sämtliche TW-Komponenten werden in festgelegten Zeiträumen gegen neue ausgewechselt.

Der Fahrgastverkehr ist auf 6h bis 22h bezogen. Durch zeitliche und tarifliche Unterschiede werden der Tag- bzw. Nachtbereich zueinander unattraktiv gehalten. So läßt sich der Fracht-bereich bevorzugt in den Nachtstunden abwickeln.

Administration bei TubeWaySolar

Zur Quickverbuchung tippen die NetzkundInnen das Fahrziel auf dem interaktiven Touch-screen-Netzplan am Portal des Terminals an und tätigen mit der auf Guthaben basierenden TW-Card die Transaktion.
Die TW-Card und deren Identität zum Ausweiser werden hierbei geprüft. Am Ziel angelangt, wird die zurückgelegte Wegstrecke elektronisch verbucht.
Die Beförderung der nächtlich abgewickelten Frachten wird über Telefon, Fax oder Internet gebucht.

Die Fracht-Agentur bietet Schüttgut-, Flüssigstoff-, Waren- und kühlbare Kapseln an. Sie verwaltet diese und führt auch die betreffende Ladelogistik durch.
Eine Transportkabine bietet im TW-SiS 6 Tonnen bzw. 15 Europaletten – im TW-IC-Netz 13 Tonnen Nutzlast als Ladekapazität für bis zu 22 Europaletten an.

Alle Kabinen sind über Kant entleerbar; sortierende Ladegreifer sind bei Be- und Entladungen

im Einsatz. Der Frachtverschub wird so transportlogistisch effizient bewältigt.
Frächter, Häfen und Fabriken können eigene Zuwegröhren beim Betreiber erwerben oder anmieten. Dieserart günstige Beförderungen führen zu Netzausweitungen und bringen entsprechend angepasste Verladeterminals hervor.

Der Nacht-zu-Tag-Benutzerwechsel erfolgt in einer etwa halbstündigen Umwandlung von Transportkapseln, in gereinigte Kabinen mitsamt dem Sitzbänke-Einbau. Nachts werden also die Speditionsleistungen, wie Sortieren, Verladen und die Zustellung an die Zieladressen erledigt. Diese Splittung »Kabine zugleich auch Kapsel« erspart einen riesigen Garagenpark und enormen *Rush-hour*-Aufwand.

Das großteils private Speditionsgeschäft kooperiert zeitlich mit der TW-Netzlogistik und beteiligt sich so über deren Nutzungstarife. Dem TW-Netzbetreiber obliegt hingegen der Geschäftsbereich des Öffentlichen Personenverkehrs.

Teil 2
TubeWaySolar-IC (InterCity)

Das TW-IC fährt mit der selben Technik wie der im TW-SiS. Es ist als Großstädte verbindendes Weitstreckennetz angedacht - und so sind je Baukilometer dreifach höhere Kosten als bei TW-SiS zu kalkulieren.

Die Strecke besteht aus ca. 17 Meter langen Sandwich-Rohrmodulen aus robustem Sicherheits-Hohlkammerglas mit einem Innendurchmesser von etwa 2,7 m. Diese aneinandergereihten Rohrmodule (à ca. 7,5 t) sind per Gleitmuffen und O-Ring-Dichtungen verbunden und werden ebenfalls auf schlanken Streckenpfeiler-Bögen und von schwingungsfreier Spannseiltechnik getragen.

Auch hier trägt die brückentechnische Statik die Zweirichtungsstrecke, die Gleiteinheiten und den Medienstrang in ~ 7 Meter Höhe.
Bei dem TW-IC kommen bei 50 Meter Pfeilerbogendistanz ca. 50 Tonnen Streckengewicht plus durchschnittlichen 20 Tonnen an Fahrlasten je Bogenstütze zu tragen. Diese relativ geringen Lasten überbrücken größere Distanzweiten, als diese bei herkömmlichen Verkehrsträgern möglich wären.

In sensiblen Naturräumen erfolgt ein schonender Streckenausbau mit halblangen Modulen, deren Anlieferung per Lastenhelikopter erfolgt; sie halten das jeweilige Rohrmodul - zur zügigen Verfugung vor Ort - in der Schwebe.

Bis zu 110 Personen je Kabine (bzw. 13 t Cargo-Transportkapseln) gleiten im permanenten Luftstrom zu ihren vorcodierten Zielen. Seitliche Fenster eröffnen im IC einen Panorama-Höhenblick.
Die 26 m langen Kabinen gleiten über 1 m breite, spiegelglatte und mittels VHB-Tape von 3M Scotch geklebte Nirosta-Stahlblechrinnen.
Die Sohlen der Kabinen tragen eingelassene Gleitringe aus unverwüstlichem Teflon**. Auch hier sind - wie im SiS - diese Ringe in einer Korksohle eingelassen (5 x 3 mm, 50 mm Durchmesser) und tragen hier bei Volllast je 20 kg.

Alle 500 Gleitring belegen auf den 26 m² Sohle zusammengerechnet nur 1 m² an Fläche. Sie bieten den dynamischen Permanentkontakt zur Hochglanzrinne und sind in der 12 mm starken Korkbett-Trägerschicht in gefräste Passnuten eingepresst.
In das Zentrum der Teflonringe mündet jeweils eine 2 mm Hartplastikleitung. Diese vermitteln per elektrischem Bordkompressor einen Presslufteintrag, als gleitoptimierenden Luftpolster. Auch diese Zuleitungen sind in der Korksohle eingelassen.
Auch hier hebt der Presslufteintrag die Kabinen aus der trockenen Gleitreibung in ein permanentes „Mikroschweben".

Die Sitzplätze sind im TW-IC wie in einem Reisebus angeordnet. Bei Bedarf finden sich noch ca. 20 Stehplätze im Mittelgang. Ein Bord -WC befindet sich in Ausstiegsnähe.
Auch im TW-IC werden die Benutzer über das Ticket bzw. den Frachttarif zeitlich gesteuert und die Kabinen werden nachts zu Frachtkapseln.

Die TubeWaySolar-IC Sandwich-Rohrmodule lassen sich in etwa folgendermaßen

Aus einem Hochtank fällt die zähe Glasschmelze durch die Sandwichprofil-Düse herab. Auch Kurfenrohre rinnen senkrecht aus der Zähschmelzdüse. Letztere werden heiß gebogen und ebenfalls in Nitratchlorit gehärtet.

Dann werden die Module, hinzu mit einer Lage Drahtgitterglas ummantelt und ergeben als Doppelwand mit Längsstegen, leichte, hochstabile VSG-Module.

Die Festigkeit der Rohrteile dürfte in dieser HiTec-Ausführung sogar über dem Tragewert von Stahl/Beton* liegen.

Im Verfahren findet vorwiegend Altglas Verwendung. Sammelgut an Altglas ist für einen TubeWay-Ausbau ausreichend gegeben.

*In GEO 6/2003 ist dazu ein ausführlicher Bericht heutiger Glas-Einsatzmöglichkeiten: Moderne Architektur baut mit zarten, aber höchst belastbaren Glas-Rohrträgern Großbauten. Die Prüfstelle der Bau und Zulassungsbehörde konnte den Prüfgegenstand mit aller Kraft der Hydraulikpresse nicht zum Kollabieren bringen. Selbst unter Beschuss mit Stahlbolzen hielt das Rohrstück tagelang stand.

Teil 3
Das städtische Ver- und Entsorgungsnetz TubeWaySolar - TW 40

... dem ein Durchmesser von 40 cm ausreicht, fährt mit rund 35 km / h.
Pro 85 cm langer Kapsel sind 20 kg Fördergut ermöglicht; und sie gleiten im Prinzip mit der gleichen Transporttechnik wie die großen TW's an ihr Ziel. Ein Flexgelenk sorgt zudem für eine gute Manövrierfähigkeit in den hier weit engeren Kurven.

Dieses städtische Ver- und Entsorgungsnetz (TW-40) wäre innerhalb unserer Ballungsräume - z.B. für bestellte Einkäufe, Amtspapiere, Essenszustellung, Post- und Paketdienste, Abfallentsorgung etc. - von generell großem Nutzen.

Unternehmen wie Privatpersonen könnten als Teilnehmer - wie bei der Fernwärme - dem 40-cm-Netz angeschlossen werden.

Es würde unter dem Gehsteig in abdeckbaren Schächten verlegt, und bis hoch in die Gebäude geleitet. Der regionale bzw. städtische Betreiber stellt jeweils nach Order, die entsprechenden Kapseln dem Kunden zu.

Teil 4
Welche Geschäftsaspekte, welche Chancen hat TubeWaySolar?

Für die TWS-Mobilität sind zwar einige Vorinvestitionen und sorgfältig geplante Durchführungsschritte erforderlich, doch einmal etabliert, könnten die Anleger und Betreiber aus TubeWay konstant sichere Gewinne erwirtschaften. Parallel dazu entstünde eine Vielfalt an Geschäftszweigen.

In der Rechtsform wäre z.B. denkbar, dass sich die Rohrtrassen in nationalem Eigentum befinden; die solare Energieleistung könnte von einer AG kommen, und der Fuhrpark könnte unter öffentlich-rechtlicher Verwaltung stehen. Hier sind also mehrere Mischformen möglich.

TubeWay-Mobility vermag wesentliche Segmente unserer Markt- und Arbeitswelt zu beleben. Es erwächst eine Win-win Situation für Kunden, Betreiber und unsere Umwelt.

Wirklich verlässliche Bezifferungen gibt es bei Großprojekten ja kaum und ich kann solche hier gar nicht anbieten – jedoch: Die technische Vorentwicklung lässt sich – mit finanziell geringem Risiko – über das kleine 190 cm Netz oder das 40er Netz erstellen. Diese Erstnetze erwirtschaften im stufenweisen Finanzierungsplan das große IC-Netz.

Kompetenzen aus Wissenschaft, Investment, EU-Infrastrukturplanung, Kommunen, Umweltgruppen und den entsprechenden Industriezweigen sind angesprochen. Nun braucht es das entsprechende Kapital-Konsortium mit Affinität zu Politik und Großindustrie. Es ist die besondere Technik welche eine TW-Finanzierbarkeit plausibel macht.

Über den PV-Folienbelag lässt sich auf den TW-Gesamtstrecken Solarstrom meist über Bedarf gewinnen*. Der über den Tag entstehende Stromüberschuss kann nach Einspeisung ins Netz als Nachtstrom genutzt werden. Weitere Überschüsse würden konkurrenzfähig an streckennahe Verbraucher angeboten.

Bahnstrecken kosten durchschnittlich etwa 27 Mio. Euro je Kilometer. Für eine Autobahn-Herstellung sind pro km sogar bis zu 70 Millionen Euro aufzuwenden (2014). Diese Kosten impli-zieren noch nicht einmal die jeweiligen Trassen-Grunderwerbspreise. Auch verschlingt deren Ausbaukilometer ~ 30.000 t an bereits seltenem und daher teurem Sand.

Im Überschlag dürfte sich, bei ausgereifter Fertigungsstruktur, der TW/IC-Ausbau um einiges unter den Ausbaukosten einer Bahnstrecke einpendeln.

Hat TubeWaySolar realistische Chancen?

Kein einziger Tropfen verfahrener Sprit wird jemals wieder zu verfügbarem Rohöl! Die schwankenden Kosten der enormen Importe halten, unter anderen Staaten auch Europa, abhängig zu Russland und zur OPEC.

Ölkrisen und steigende Energiekosten berühren dieses System nicht bzw. lassen es indirekt sogar wachsen. Besonders erzeugt auch der ständige CO_2-Zuwachs (Klimaaufheizung) erhöhten Handlungsbedarf!

Übliche Einwände betroffener Landbesitzer brauchen die hochtrassierten TW-Leitstrecken nicht zu fürchten. Kein Grundstück wird geteilt oder landwirtschaftlich eingeschränkt. TubeWay gleitet über Äcker, Wald und Weiden – optisch dezent - wie auch abgasfrei und lärmfrei – hinweg.

Nachhaltige Energietechniken verzeichnen schon jetzt hohe Zuwachsraten. Sie fördern Beschäftigung, Energiemix, soziale Sicherheit und den monetären Umlauf.

Markt – Mitbewerber – Strategie

Insgesamt gilt es nachhaltige Lösungen für unsere zukünftigen Bedürfnisse an allgemeiner Mobilität zu entwickeln!

Gut geplant könnte sich schon eine Prototypstrecke als rentabel durchsetzen und etablieren. Wegen seiner ökologisch relevanten, sanften und anbindungsfreundlichen Technik entstünde schnell eine breite Kundenidentifikation zu dieser modernen Mobilitätsform.

TubeWay hängt nach seiner Errichtung nicht weiter an öffentlicher Dauerzuwendung. Auf Basis pneumatischen Solarbetriebs würden auch die TW-Personen- und Güterbeförderungen in preislicher und konkurrenzloser "Microschwebe" dahingleiten.

Geschäftliche Vorteile mit TubeWaySolar:
Zuverlässigkeit bzgl. Abfahrts- und Ankunftszeiten bei Lieferungen wie auch im Personenverkehr
Bereits eine Flughafen-Zubringerroute kann samenlegend für wachsende TW-Netze fungieren
100 % solarer, also treibstofffreier und ressourcenschonender Öko-Marktvorteil
Gebiete die TW umsetzen, können künftig erhebliche Vorteile genießen
Enormes Einsparungspotenzial gegenüber traditionellem Verkehr
Hohe Akzeptanz – Sympathiefaktor – geringer Widerstand in
Relativ geringer Aufwand für Betrieb und Wartung
Gutes Verhältnis von Investition zu Amortisation
Hoher Prestigewert, hohe Gewinne

Soll zukünftiger Verkehr solar gestaltet sein?

Unbedingt! Auch mittels TubeWaySolar - als breit angelegtem Verkehrssystem - können wir den Erhalt der Edel-Ressourcen Erdöl und Erdgas um einiges verlängern. Auch zu einer ökologischen Zukunft brauchen wir unser Erdöl noch für vielerlei Anwendungen, die wir heute noch nicht kennen. Für das Klima schädigende Abgase, Plastikmüll und Straßenasphalt ist unser Mineralöl viel zu wertvoll! Mit TubeWay sinken gezielt Erdölimporte, klimabelastende Schadstoffwerte, Lärm und Verkehrsunfälle.

Wasserstoff z.B. muss immer im Umweg teurer Wasserspaltung durch Strom vorerzeugt werden. Auch andere Optionen sind zur Zeit, energetisch gesehen, nicht das Gelbe vom Ei. TubeWay hilft, die CO_2-Belastung durch fossilen Strom, und die Gefahren eines Atommeiler generierten Strom's zu reduzieren.
Der Wandel zu den Erneuerbaren kann zum allgemeinen Vorteil erfolgen. Er soll und muss ja immerhin das Leben unserer Nachkommen ermöglichen. Denn unsere Biosphäre ist faktisch global in Gefahr!

Vergleiche zum Stand der Technik

Einen Überblick über alternative und innovative Mobilitätsformen und Antriebstechniken gibt es im Link: http://faculty.washington.edu/jbs/itrans >> list of 100+ systems >> tubeway; und im https://www.buch-der-synergie.de/c_neu_html/c_11_12_neu_mobile_prt_04_kapsel.ht
Dort finden Sie eine Sammlung von zum Teil schon umgesetzten Mobilitätsansätzen aus aller Welt. Auch TubeWay ist in diesen evident. Auch die Beiträge zu Rohrpost in Wikipedia sind interessant.

TW lässt sich in Anlehnung an die seit 160 Jahren bewährte Rohrpost entwickeln. TW befördert Fahrgäste wie auch Waren durch den alles bewegenden solar-elektrischen Innenantrieb.
Linearmotore in Magnet-induzierter Streckenausstattung will TubeWay wegen der ungelösten Verträglichkeitsfrage bei deren hohen Mikrotesla-Einsatz, der beschränkten Verfügbarkeit an Magnetmaterial, aus Gewichtsgründen sowie wegen der hohen Lärmentwicklung vermeiden.
Wir befinden uns in einem lebhaften Diskussionsprozess, in dem taugliche Alternativen mit Verantwortung für Mensch und Natur gesucht werden.

TubeWay steht eventuell für die Entscheidung zu technisch einfacher, ökologischer Mobilität. Auch aufgrund weltweiter Ressourcen- und Energieknappheit erwächst die Notwendigkeit zu raschen Alternativlösungen, auch im gesamten Verkehrsbereich.

Historisches: Das ursprüngliche Vakuumröhrentransportsystem wurde bereits 1799 von *George Medhurst* vorgeschlagen. *Michael Verne*, Sohn von *Jules*, verbesserte es 1888 als pneumatischen Röhrentransport. 1904 beschrieb *Robert Goddard* einen Vactrain Maglev; und bald darauf führte in New York eine von einem Bankier bezahlte unterirdische und rein pneumatische Teststrecke bereits Personen – diese wurde jedoch nicht erweitert.

Hat TubeWaySolar am Ende noch einen Upcycling-Einsatz?

Ja, nach deren Dienstleistung als Kabinen und Rohrmodule dienen diese noch als:
zu Pyramiden gestaffelten Wohnsiedlungen
zu wettergeschützten Fahrradstrecken
Grünanbau-Glashaustunnel
umgestaltete Wohnräume
als Lagervolumina uvm..
+   +   +   +   +

<u>Briefliche Referenz</u> von der Wiener Umweltschutzabteilung – MA-22,   14.02.2013
Sehr geehrter Herr Thalhammer
   Ihr TubeWay erscheint als eine moderne, nachhaltige, ökologische und damit zukunftsträchtige Mobilitätslösung. TubeWaySolar könnten - ohne aktuellen Verkehrsmitteln eine Konkurrenz zu sein - neue städtische Erweiterungen bilden. Bei vorliegendem, positiven Ergebnis wäre eine Umsetzung, für Praxiserfahrungen zunächst auf Teststreckenlänge, durchaus realistisch.
Nachdem Österreich weltweit für technische Innovationen bekannt ist, sehen wir für Ihre Idee, gerade in Zeiten der Energiepreis-Ungewissheit, gute Chancen für eine Umsetzung. In diesem Zusammenhang möchten wir auf die Förderbank (AWS) sowie EU-Förderprogramme hinweisen, die in Ihrem Fall eine finanzielle Unterstützung der jedenfalls erforderlichen, vertiefenden, Studien übernehmen könnten.
Wir wünschen Ihnen viel Erfolg bei der Umsetzung Ihres bereits realitätsnahen Mobilitätskonzeptes.
Mit freundlichen Grüßen, Günter Rössler
Wiener Umweltschutzabteilung - MA 22
Bereich: Verkehr, Lärm und Geodaten
A- 1200 Wien, Dresdner Straße 45

==============

<u>Ich hoffe</u>, dass eventuelle TWS-Umsetzer nichts mit BIT- u.ä. Coins riskieren werden, so dass alle Anleger eine reale Sicherheit bezüglich ihrer Beteiligung vorfinden!
Ich warne auch vor einem Gebrauch eines TWS-Ausbaues, um wie bisher, weiteren Abtrans-

ports jener Güter und Ressourcen zu bezwecken, welche auch unseren nachfolgenden Generationen zustehen!

Es gilt, die Hochfinanz und Großindustrie zum Umstieg auf Nachhaltigkeit und den Erhalt unserer global gemeinsamen Grundlagen zu ermutigen!

Mittels TWS als breit angelegtem Verkehrssystem können wir auch die Verfügbarkeit der Edel-Ressourcen Erdöl/Erdgas strecken. Auch langfristig brauchen wir unsere fossilen Reserven noch für vielerlei Unentdecktes. Für klimaschädigende Abgase und Straßenasphalt ist unser Mineralöl allerdings viel zu wertvoll!

Der Wandel zu den Erneuerbaren kann mit allseitigen Vorteilen erfolgen. Soll und muss er doch den nachfolgenden Generationen ihren Lebenserhalt ermöglichen!

So wie unser Herz es schafft, jede unserer Körperzellen mit Lebensenergie zu versorgen, sollten wir in der Lage sein, neue solare Verkehrsadern zu schaffen, welche uns verbinden und ermöglichen, unsere allgemeine Mobilität zu gewähren.

~ ~ ~ ~ ~ ~ ~

Ob der Hyperloop von *Elon Musk* eine breit machbare Generallösung für unseren zukünftigen Bedarf an allgemeiner Mobilität ergibt, bleibt abzuwarten. *Hyperloop-One, Virgin Hyperloop* und *HTT* betreiben seit Jahren ein Franchising mit immer neuen Maglev-Erfolgstories in technisch vagen 3D-Kurzvideos.

Dies und mehr ist gut in www.buch-der-synergie.de unter "Hyperloop" nachgezeichnet.
*https://www.ingenieur.de/technik/fachbereiche/verkehr/china-plant-magnetschwebebahnen-in-zwei-grossstaedten/

Fazit: Die Weltgesundheitsorganisation WHO vertritt z.Zt. den Standpunkt, dass es bisher nicht möglich sei, die Gesundheitsauswirkungen der Mikro-Teslastrahlung einzuschätzen.

Die Umweltbehörde in Changsha gibt an, dass die geplante Stadtbahn eine elektromagnetische Strahlung mit einer Feldstärke von 1,6 Mikrotesla haben werde. Das ist weit weniger als die in China seit dem Jahre 1998 genannte Gefährdungsgrenze für Menschen in Höhe von 100 Mikrotesla.

Die Gegner verweisen allerdings auf das Beispiel der Schweiz, wo die Gefährdungsgrenze bei immerhin nur 0,2 Mikrotesla liegt.

Über den für China tragbaren Wert wird derzeit heftig gestritten. Teils wird dagegen plädiert, für das ganze Land einen Einheitswert festzulegen. Wenn es aber zu einem Einheitswert käme, dann scheinen 10 Mikrotesla infrage zu kommen. Das wäre immerhin das Fünfzigfache des Schweizer Wertes – aber zugleich eben nur zehn Prozent des bisherigen chinesischen Wertes.

Nötiger Abstand der Wohnhäuser zur Maglev-Bahn ist immer noch unklar.
Würde beispielsweise der Schweizer Wert in Changsha gewählt, so müssten auf beiden Seiten der Bahnstrecke jeweils 500 Meter unbebaut bleiben. Nach dem heutigen chinesischen Wert können dagegen unmittelbar an der Bahnstrecke Wohnbauten errichtet werden.
Quelle: *IMAGINECHINA*

Siehe mein Video unter www.youtube.com/watch?v=19YDKukm2vc&t=18s
 Siehe auch : www.youtube.com/tubewaysolar - for a clea future

Bilder und 3D-Video - von Petrus Gartler, Graz - Designerei / 2003 u. Pexels und Pixabay

© 2002 – Michael Thalhammer; Last Updated 15.11.2021

=====================

www.SOLARIFY.eu - **Energie für die Zukunft**
Ein Österreicher könnte ein revolutionäres Verkehrssystem erdacht haben: eine Kobination aus Rohrpost und Transrapid. Er nennt sein System „TubeWay„ es sei „als Mittel- und Weitstrecken-Beförderungs-system universell einsetzbar und als anbindungsfreundliches Leitstrecken-Verkehrsmittel konzipiert.

In TubeWay sollen Reisende und Güter in Kabinen durch auf Hochtrassen verlegte Glasröhren zu ihren Reisezielen befördert werden. TubeWay gleite „verschleiß- und wartungsarm, das für die langlebigen Wegeröhren verwertete Altglas kostet fast nichts", so *Michael Thalhammer.*
TubeWay sei zu den heutigen Verkehrsträgern voll kompatibel. Seine Röhre hat es immerhin bereits in die weltweit größte Linksammlung alternativer Verkehrsmittel gebracht.

====================

==============

===

HOLZWANDBAU - WIE BEI LEGO

Leistbare Wandmodule - langlebig und im Nu errichtet

Wegen der unlösbaren Umweltprobleme bei der Zementherstellung und beim Abbau von Bausand, könnten und müssten im Bausektor schon längst gänzlich neue Wege beschritten werden. Mein Ansatz - nachhaltige Bauteile in Modulbauweise, als skalierbares Stecksystem.

Wie lassen sich diese Module von Fertighausherstellern als auch von Laien herstellen?
In diesem Konzept bilden stapelbare Sandwich-Wandmodule eine mobile und einsetzbare Variante. Das Beispiel entspricht einem Kleingarten-Wohnhaus, hier mit 35 m² Überbaufläche und 5 m Höhe. Die Module lassen sich innerhalb weniger Tage herstellen, und werden im Nut/Feder-Schnellsystem aneinandergesteckt und so mitsamt Obergeschoß hochgezogen.

Älteres 3-D Bild zu Flüchtlingsunterkünften

Rohbaufertig - mit Fenstern, Türen und Innentreppe - kommt meine Durchrechnung der Materialkosten (2023) auf ~15.000.- Euro.
Jedes der Bauteile/Elemente wiegt ca. 20 kg. Die Module können vor Ort gefertigt* oder vorfabriziert geliefert werden. Als Nut/Feder-Elemente lassen sich die hier 80 Module von zwei Personen ohne Baukran- und Einrüstung handhaben. Um die Bodenplatte und deren Staffel-Unterbau, werden die Bauteile wie LEGO waagrecht, rationell und zügig verbaut.

Zwischen zwei 12 mm starken Grobspanplatten kommt eine (per Schablone) diagonal 15 cm versetzte Styropordämmung**. Dies ergibt zwei nut- und zwei federseitige Modulränder. Zuvor erhaltet die OSB eine vollflächige, lösungsmittelfreie Verklebung, um sie dauerhaft mit deren Styropordämmung (EPS) zu verbinden. Das etwas größer bemessene OSB-Feld der Module

erzielt eine vollständig Luftdichtheit im nachfolgenden Wandaufbau.
Die Grobspanplatten können zumeist in ihrer Normgröße von 2050x625 cm verbleiben.

Nach der Klebertrocknung lassen sich die so gefertigten N/F-Bauteile als aneinandergesteckte Verbindungen - ähnlich wie beim LEGO - zu Wänden hochziehen, wobei die Module an den Hausecken in jeweils versetzter Verschränkung gereiht werden.

Die Eckstöße werden von innen her per 4x4 cm Lochreihen-Winkelprofilen und mit 18 cm langen Nägeln gesichert. Für die 18er Nägel (5 mm Ø) werden die zwei Lochreihen an den Grobspanplatten mit 4 mm großen Bohrungen vorgelocht.

Die nur zu 95% versenkten Nägel ermöglichen eine leichte Demontage, sodass das die nummerierten Bauteile an einem anderen Bauort überstellt, ihre exakte Wiedererrichtung erfahren   können.

Kabel und andere Installationen lassen sich raumseits dezent hinter Decken-, Eck- und Sockel-kehlen verlegen.

Zum im Oberstock befindlichen Schlafbereich - mit Kleiderdepot und einem 7 m² großen Wintergarten - führt eine schlichte Holzwangentreppe. Landschafts-Fototapeten könnten den Räumen eine optisch angenehm ruhige Tiefenwirkung vermitteln.

Derartige auflastfähige Modulbauten sind feuerresistent***, erdbebenflexibel und an den Außenecken mittels 75 cm langen Sturmankern befestigt. Die Wände werden nie feucht und haben keine Wärmebrücken.

Drei waagrechten Fensterelemente (2 x 0,6 m) und die Terrassentüre (1,6 x 1,8 m) spenden beiden Innenräumen entsprechend viel Tageslicht. Zugunsten einer Heizkosten einsparenden Lüftung**** verbleiben die in den Wandmodulen integrierten 3fachGlas-Fensterelemente geschlossen.

Der fertige Baukorpus erhält zuletzt noch eine Schilfmattenhülle, welche auf Konterlatten angeheftet wird. Die Matten werden zuvor beidseitig mit Wasserglas (gegen Verwitterung und Brennbarkeit) sprühimprägniert.
Hinzu können sie in beliebiger Außenfarbe Design erhalten. Stecklinge immergrünen Efeu´s können sodann Rund um den Sockel hochranken - was in kurzer Zeit eine beschattende und hinterlüftete Grünfassade herstellt. Die Grünfassade plus OSB und dem Styropor bieten eine gute Dämmung gegen die sommerlich kurzwellige Hitzeeinstrahlung.

Der Ost- und Westfront sind die sieben Meter zugeordnet, während die fünf Meter der Fassa-denbreitseite in Richtung N/S weisen.

Der Südwand vorgelagert lehnt sich ein 10 m² Vakuumröhrenkollektor an. Ein darüber befindlicher 500 l Pufferspeicher beheizt ein Kupferrohr, verlegt als Sockelleiste. Der Speicher versorgt auch die Waschmaschine und den Geschirrspüler mit Heißwasser.

Auf dem mit Überstand 50 m² großen Pultdach können sich vollflächig ThinFilmFolien oder PV-Paneele für den Hausstrom befinden und in Verbindung mit PV-Akkus auch den Zusatzbetrieb mit einer Wärmepumpen-Split-Klimaheizung - wie etwa jene vom Testsieger *Dimstal-eco-smart Inverter – QuickConnect* abdecken.

Das Regenwasser vom Dach landet in 2x200 l Tonnen und dient zur Bewässerung des Nutzgartens.

Gleich ob als Schule, Geschäft, Lager, Ambulanz, Werkstatt oder neue Wohnräume – diese universelle Bauweise kann räumlich beliebig skaliert und mit entsprechend starken OSB´s statisch mehrstöckig verbaut werden.

Von TinyHouse bis zu Großprojekten - ob der geringen Gewichtslast und eigener statischer Tragekraft dieser Art Wände sind auch höhere Aufstockungen auf herkömmlichen Gebäuden schnell und zu geringen Kosten durchführbar.

Eine Haltbarkeit/Bewohnbarkeit von bis zu hundert Jahren kann durchaus erwartet werden. Hernach stehen sämtliche Bestandteile derartiger Modulgebäude, zur jeweils tauglichen Nachverwertung bereit.

Mit den sicherlich weiter steigenden Kosten für Bausand und Energie kommt unweigerlich eine Wende unserer bautechnischen Praxis. Ein Umstieg von Zement, Sand und Betonstahl auf z.B. OSB mit EPS-Dämmung - sowie auf applizierte PV-Folien-Fassaden wäre nachhaltig, zukunftsfähig und daher wünschenswert.

* Werkzeugbedarf: e-Styropor-Schneidetisch; e-Schrauber, Stichsäge etc. - bewirken nur geringe Lärm- und Staubentwicklung.*
*** Steinwolle, Naturfaser-Klemmfilz oder Zelluloseflocken könnten zwar ebenfalls gegen negativ wirkende thermische Konvektion genügen, jedoch nur Styropor - fugenfrei verlegt - ist auch im Taupunkt frei von Feuchtigkeit. Auch bietet nur EPS die statisch günstige Belastbarkeit einer schlanken, tragenden Modulwand. EPS lässt sich zudem hernach gut recyclen - per FZ-Recycling GmbH & Co. KG zum Beispiel.*
**** KRONOPLY OSB/3 EN300 bietet z.B. Platten an, welche die Kriterien zur Anwendung in Brandschutzkonstruktionen nach DIN 4102-4 in der Feuerwiderstandsklasse F30 verbrieft erfüllen.*
***** Automatische Raumlüftung mit Wärmerückgewinnung: Ein in der Deckenkehle verborgener, 5 m langer 100 mm Ø Alu-Flexschlauch wird – hinter seinem 150er Wanddurchlass - an einen Intervall-geschalteten Ventilator angeschlossen. Ein im Schlauch eingezogenes Stück harten Zick-zack-Kartons besorgt eine gute Verwirbelung der verbrauchten Warmluft und somit eine gute Temperaturübermittlung an die im Kehlkanal einströmende Frischluft. Die Luft wird ab dem Abzweiger des 100er Einlasses noch 2,3 m als Eckkehle senkrecht herabgeleitet. Der durch den 150mm-Abluftventilator erzeugte Raum-Unterdruck bewirkt, dass am offenen Ende der Eckkehle die Frischluft selbsttätig einströmt. Auch die aus beschichtetem Hartkarton bestehende Kehle, mit ihrer am Karton anliegende Raumluftwärme, übermittelt einen Temperaturübertrag an die zuströmende Frischluft.*

** PV-Folien erzeugen z.B. : ARMOR solar power films, Heliatek ®, Flisom, Alwitra-Evalon cSi ®, FirstSolar®, Nanosolar ®.*

Es steht jedem frei diesen derzeit noch unerprobten Ansatz umzusetzen. Bau- und Fertighausfirmen könnten sich um entsprechend evaluierte Zulassungen bemühen

———————————

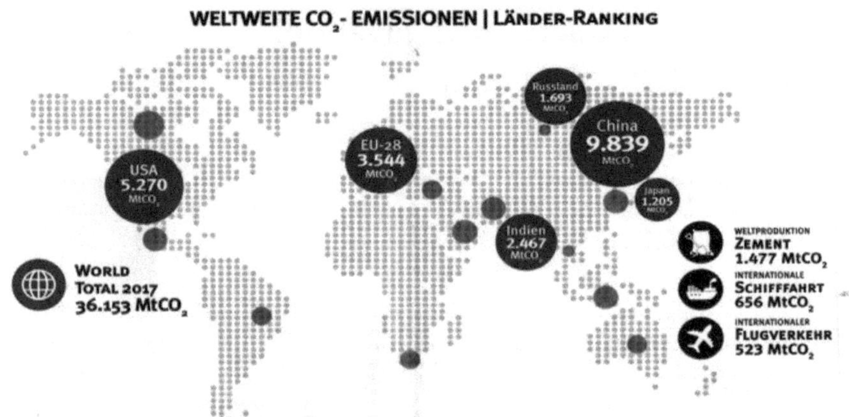

Qelle IPCC: DieZementproduktion emittiert mehr CO² als Flugverkehr und Schifffahrt gemeinsam!
Daher drängt es, die CO_2-belastende Zementherstellung und die ökologischen Folgen des Bausand-Raubbaues zurückzufahren. Die Nahrungskette maritimen Lebens beginnt ja mit der Mikrovielfalt, welche vorwiegend auf sandigen Meeresböden ihre Grundlage hat!

Mögen unzählige dieser Bauten aus nachwachsenden Bäumen entstehen. Auch wenn noch nicht jeder Baum Natur bedeutet und Forst nicht gleich für Wald steht.

Buchempfehlung: Peter Wohlleben – Das geheime Leben der Bäume.

© by Thalhammer Michael - Wien am 02.09..2022
=   =   =

Doch auch als **Migrationsbedarf** und im Wiederaufbau **nach Kriegsschäden** ist diese Bauweise gut geeignet.

Kriegsfolgen, Flucht und Vertreibung nehmen weltweit zu. Viele **Städte** sind schlecht- oder nicht bewohnbar und Legionen von Menschen haben keine oder nur miserable Wohnräume.

Jedoch sind die geläufigen Container und Zelte - für Menschen - weder bei Hitze noch Kälte eine brauchbare Unterbringung; sie sind auch sperrig im Transport

Ob als Schule, Ambulanz, Büro, Geschäft oder Wohnungsbedarf - die oben beschriebene Bauweise kann besonders mit Stockwerken ihre flächensparende Anwendung finden. Per N/F-Steckverbindung lassen sich diese Elemente von 2 - 3 Personen zu ihrer jeweiligen Raumnutzung hin aufstellen.

Gegen die solare Kurzwellenaufheizung, ist - besonders in heißen Regionen - eine Schilfmattenverkleidung und beschattender Efeubewuchs des Gebäudes besonders angeraten. Für beinahe jeden Zweck bilden stapelbare Wandmodule eine mobile und oft einsetzbare Lösung.

Diesen Wohnräumen liegt ein fundamentfreies 120 m² großes Mansarddach, mit zentralem 6om² Gemeinschaftsraum zugrunde, welche um den Großraum angeordnet sind.
Der Gesamtinnenraum bedeckt in diesem Beispiel 120 m². 63 m² kommen als Etagenflächen - aufgeteilt auf die 18 Einheiten – hinzu.
Zwei der Räume sind als Büro (bzw. nächtlicher Bereitschaftsraum) und als Lager reserviert - dies ergäbe 18 gleich große Einheiten.
Jeder der 16 Privaträume hat 4 m² Wohnfläche im Maße von 3 m x 1,23 m und 2,5 m Raumhöhe und ein kleines Fenster zum Tagesraum. Darüber befindet sich noch ein 3,5 m² großes Mansardenkammerl, welches über eine klappbare Dachbodentreppe zugänglich ist

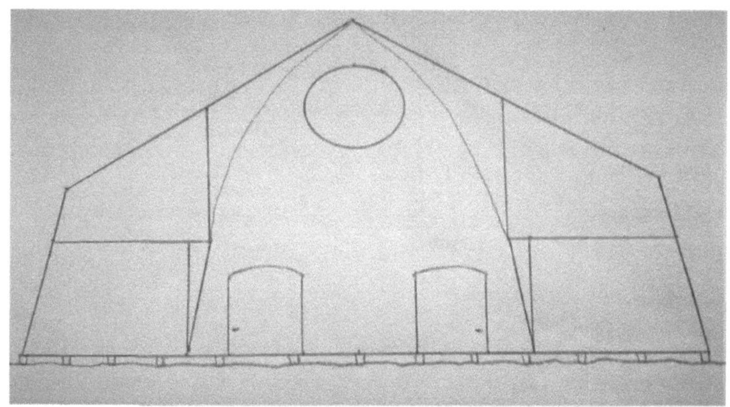

Nachfolgende Zeichnung zeigt ein Beispiel aus vielen Möglichkeiten:

Dieser Ansatz wäre etwa für Hilfsgemeinschaften verfasst, welche zum Ziel haben, für in Krise geratenen Menschen, aus unterschiedlichen Lebensbereichen, Zuflucht und Begegnung anzubieten.

Alle Schiebetüren zum Wohnbereich sind von ihrem jeweiligen Bewohner absperrbar. Außer der Bettausstattung hat es auch Schrank, Klapptisch, Klappstuhl, einem mini-eco-Heater, LED-

Lampen und DAB-Radio mit Kopfhörer - sowie ein einhängbares Beibett für ggf. mit eingezogene Kinder; und eine regelbare Belüftung.

Die Bewohner können rund um die Uhr ihre Schlafzeiten halten; doch von 23 bis 7 Uhr besteht generelle Nachtruhe.
Die zwei im Vordach befindlichen WCs, das Waschbecken und die Dusche haben per Bewegungssensor geschaltete 12V LED-Beleuchtung.

Das Duschwasser ist auf jeweils dreiminütige Entnahme hin geregelt, so, dass für alle ausreichend Warmwasser verbleibt. Es gibt auch eine für die Bewohner nutzbare Waschmaschine und drei Kühlschränke.

Bei kaltem Wetter bietet der 10 x 6 Meter große mittlere Raum des „NurDaches" auch den Spiel- und Kuschelaufenthalt für die Kinder und ihre Eltern. Paravents bilden eine Abtrennung zum übrigen Platz, welchen alle Bewohner für ihre diversen Beschäftigungen nützen können.

Die Küche, der Essbereich und die Sanitäranlagen befänden sich außerhalb unter einem 120 m² großen vorgebauten Flugdach.

Dem hölzernen Trägergestell des südlich vorgelagerten Flugdachs, liegen silbrig bedampfte Gewächshausfolien auf darunter befindlichen Schilfmatten auf.
Am Außenrand herabhängende Bahnen werden bei Starkwind hochgerollt. Diese Matten sind zwecks Brandhemmung und gegen Verwitterung mit Wasserglasanstrich geschützt.

Unter diesem Flugdach befindet sich auch ein von Immergrün umzäunter Kinder-Spielturm mit 2 Schaukeln, Sandkiste und Rutsche.
Auch Haus und Vorbau wären von einer Hecke, Hochbeeten und Beerensträuchern umgeben.

Zentral im Windfang stehen zwei 1000 Liter Heißwassertanks - sie haben Anschluss zu den Warmwasserkollektoren am Süddach. Diesen Platz nützt auch ein PV-Module zur e-Versorgung der 12V-Verbraucher.

In diesem Beispiel dienen die zentralen 60 m² des NurDach´s als Werk- und Aufenthalts raum. Dort können in Kooperation Kleinprodukte hergestellt oder diverse Dienstleistungen angeboten werden.

Zur "Freizeit" sind Federball, Tischtennis und ein Bücherregal sowie Nähen, Töpfern, Sprachkurse, Musizieren, Malen, Tanz, Gymnastik u.a. angedacht.
Durch das tägliche Zusammenrücken bei gemeinsamer Arbeit und Freizeit ergäben sich untereinander auch überkonfessionelle und unpolitisch-menschliche Gespräche.

Das Projekt kostet je Einheit in Summe in etwa 50.000.- €.

Die Waren kämen großteils von Baumärkten, welche dann auch als Hauptspender aufscheinen würden.

Mehr dazu ist im älteren 3-D-Video unter *www.vimeo.com/293395008* zu sehen.

Auf dem Weg zum Licht lasst niemanden zurück!   *Peter Rosegger*

- ------------========================------------ -

Solarthermie z.B. ist hier neben anderen Punkten ein ganz wichtiger Baustein. Nach Überzeugung des Sonnenhaus-Pioniers *Josef Jenni*, sind „ … Heißwasserpaneele die sanfteste, umweltschonendste und effizienteste Technologie. *»Wärme wird da als Wärme erzeugt, als Wärme gespeichert und als Wärme verbraucht«*. Solarthermie wird in der Nähe des Wärmebedarfs, also zum Beispiel auf dem Dach von Gebäuden, eingesetzt.

Die Wärme kann relativ einfach lokal gespeichert werden. Hinzu kann durch den Einsatz von Solarthermie direkt viel Strom eingespart werden. Die Energiewende ist deshalb vor allem auch eine Wärmewende" siehe *www.sonnenhaus-institut.de*.

Das flächenwidmende Raumordnungsamt muss - um das 1,5°C Klimaziel mitzutragen – gegen eine weitere Zersiedelung effektiver vorgehen! Hinzu muss auch die nachhaltige, autarke Energiedeckung sofort neuer, zwingender Gebäudestandard werden.

Generell sollte in ländlichen Bereichen nicht unter 150 m² und nicht unter drei Etagen gebaut werden. Auch wäre es zurecht verlangt, dass die in Bauland umgewidmeten und verhältnismäßig einen Großteil an Bodenversiegelung ausmachenden "Global Player" des Handels, welche unter einer Handvoll Marken- bzw. Konzernnamen an unzähligen Dorfrändern nur ebenerdig jedoch großflächig verbauten - mit Auflagen belegt werden.

Sie sollten nachträglich mit 1 - 3 Stockwerken und einem Vertikal-Dachgarten hinzu mit allgemein nützlichem Wohnraum aufstocken. Weiters sollten sie die zuvor durch Asphalt versiegelten (mit PV nachgerüsteten) Parkplatzflächen, im Austausch mit einer funktionellen Pflasterung, eine Regenwasseraufnahme ermöglichen.

Energie generierend wäre auch die Installation von Vertikal-Windkraftgeräten (*Bladeless-Vortex*) möglich, welche sich - wohl wegen der z.Zt. bestehenden Windräderlobby - noch nicht durchsetzen konnten.
Ebenso ergeht es z.Zt. noch den PV-Solarfolien, welchen den schweren Silizium-Paneelen in Alurahmen der Vorzug gegeben werden sollte.

Auch diese Ansätze könnten und sollten sowohl von der Bauindustrie wie auch von der UNHCR, FAO und UNIDO zu weiteren Umsetzungen übernommen werden.

TOPten4Bikes und solarbetriebene Lastenanhänger - in Evolution bisheriger Fahrräderwelt

Die patentfreien Vorschläge von TOPten4Bikes richten sich besonders an Fahrradhersteller und deren Zulieferer.

>> **Nicht büffelgezogene Karren** mit schweren, großen Holzrädern haben China und Indien in die Moderne geschleppt; nein, das Tragen der unzähligen Lasten auf Fahrrädern führte (und führt diese zum Teil bis heute) in die Moderne. <<

1.) **In der Ruhe liegt die Kraft**

Ein klassischer "Sattel" erfordert von uns zu einer mühsame, vornüber-gekrümmte Sitz- bzw. Arbeitshaltung; und Liegeräder positionieren ihren Fahrer zu nah am Asphalt.
Eine etwa zu 110° geneigte Rückenlehne sorgt hingegen für eine bequeme und optimal stützende Haltung; damit wird das aktive Treten kraftvoller, effizienter und zudem entspannter. Das angelehnte Sitzen vermittelt unsere Anatomie eine Rückenstütze, welche zu einem ergonomisch optimierten Tritteinsatz führt.
Die Lenkstange wird hierbei »*Easy Rider*ähnlich« dem Fahrer näher ausgerichtet.

Vorteile des bequem angelehnten Sofasitzens:
+ Durch die Verlagerung des Schwerpunkts nach hinten, stürzt man in einer Kollision oder einer Fehlbremsung nicht kopfüber über den Lenker.
+ Ein (optionaler) Sicherheitsgurt bietet echten Vollschutz. Der Gurt wäre am Rohrrahmeneiner Streckmetall-Schalenlehne verankert.
+ Eine so verstärkt ausgeführte Anlehne schützt bei einem Unfall auch bestens den Kopfbereich und erübrigt sogar das Helmtragen.

2.) **Steppwippe statt Kurbel**, ermöglicht eine **Pedale-Gangschaltung**

Hierbei bleiben Pedale und Hebelarme ähnlich wie bisher - doch die nach vorne gerichteten Hebel werden durch Wippen statt durch Kurbeln betätigt. Hinzu, mit der leicht angelehnten Sitzposition, verstärkt dies die Effizienz des körpermechanischen Krafteinsatzes erheblich!

Die linke Tretkurbel erhält um ihr Vierkant-Achsenauge einen Freilauf eingesetzt. Somit haben beide Hebel einen freien Rücklauf, denn der rechtsseitige Freilauf ist ja bereits in der Hinterradnabe verbaut. Die Hebelarme weisen beide nach vorne; sie werden über eine 2 mm starke Angelschnur, welche über eine Umlenkrolle am Sitzrohr verlegt ist, zueinander verbunden (siehe Skizze).

Diese einfache Veränderung macht die beiden Tretkurbeln zu einer Steppwippe; deren Vorteil ist eine direkte, sehr effiziente Arbeitsumsetzung. Durch ihre Totpunkt-Freiheit erhöht sich insgesamt der am Pedal geleistete Aufwand. Denn beim bisherigen Kurbeln sind 2/3 des Umlaufweges leerfahrend - also ohne wirksamen Vortrieb. Hier hingegen wird »Step by step« nur das jeweils wirkmächtige Drittel bedient.
Der (optionale) e-Antrieb wird hierbei vorzugsweise als Hinterrad-Nabenmotor verbaut. Diese Steppwippe ist im Weiteren die Basis zur mechanisch einfachen ...
     .... 2. a) **Pedale-Gangschaltung**
Hierzu sind die Pedalarmhebel von Schiebehülsen ummantelt, welche sich entlang der äußeren 2/3 der Hebel kontrolliert bewegen lassen. Die Pedale sind hierzu mit deren Schiebehülse verschraubt.

Auch hat es zwischen Hebelarm und Hülsen eine Blattfedern-Entkoppelung. Sie drückt den jeweils eingelegte Gang an das wellenförmige Kupplungsrelief an und verhindert so ein ungewolltes Umschalten zwischen den drei wählbaren Gängen.

Die Vorteile: diese Schaltung erübrigt zig Einzelteile wie: Bowdenzug, Schaltmechanik am Lenker, Hinterrad-Ritzelsatz + Kettenwerfer bzw. den Nabengang mit all seinem Innenleben; geringeres Gewicht. Mit drei Zahnkränzen am rechten Tretlager sind also 3 x 3 Gänge zur Feinabstimmung bereit.

Die Skizze zeigt die gewellte Einrastkupplung, welche ein leichtes Gangschalten ermöglicht. Weiters sieht man das Synchronisationsseil.

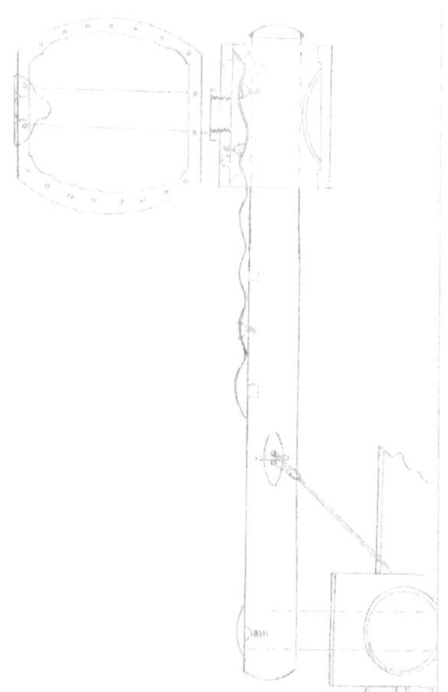

Zum Gangwechseln drückt man mit dem Fußspann seitlich nach außen, gegen einen Pedale-Ristbügel. Das anfangs ungewohnte Umschalten lässt relativ problemlos einüben und automatisiert sich in kürzester Zeit.

3.) Ein fahrRAD für zwei Kräfte - plus Hebelwippe u. Pedaleschaltung

Diese Tandem/Sigle-Version hat einen leicht gestreckten Rahmen, dem ein zweiter Anlehnsattel aufgesetzt werden kann.

Hierzu sind die Hebelarme über den Punkt der Pedalachse hinaus verlängert. Denn über diese können sie vom zweiten Fahrer (per aufsteckbare Pedale/Schiebehülsen) in gleicher Schaltbarkeit betätigt werden.

Für Einzelfahrten werden die zweiten Pedale und der zweite Sattel einfach zu Hause gelassen.

Diese Version eröffnet die Entwicklung und Markterprobung eines kreativen, leichten Tandem-/Single-Bikes! Das Rahmen-Outfit bliebe das konkrete Design-Ergebnis des jeweiligen Fahrradherstellers.

4.) Auua, mein Hintern

Gerade auf längeren Fahrten sind herkömmliche Sättel eigentlich recht unbequem bis schmerzhaft und ungesund.

Ein Sattel kann auch aus zwei länglichen, gut sitzenden Gesäßteilen gebildet werden, die nebeneinander auf einer Achse montiert sind.

Diese führen die wippende Tretbewegung des Fahrers mit aus. Ein solcher "Wipp-Sattel" erhöht - sowohl für Damen als auch für Herren - den Sitz-komfort durch seine spürbare Entlastung im empfindlichen Schrittbereich.

5.) **Bei Hitze und Regen**

Wer fährt schon gerne im Regen oder bei großer Hitze Fahrrad? Kaum jemand!
Tatsache ist, dass unsere Stadt-, Lasten- und Reiseräder nur dann einen hohen Fahrkomfort im Alltag bieten, wenn sie uns auch vor Nässe oder direkter Sonneneinstrahlung schützen. Ein aufsetzbares Schutzdach würde dazu anregen, das Auto öfter in der Garage stehen zu lassen.
Ein horizontales <u>Wetterschutzdach</u> schützt vor Hitze und Regen. Hinzu liefert die auf seinen Alu-Dachrahmen gespannte PV-Folie auch einen beträchtlichen Teil der Antriebsenergie. Einige Firmen bietet diese leichten, einrollbaren Folien an*.

Der auf dem Dach erzeugte Strom wird sodann in der im Fahrradrahmen integrierten Solar-batterie (InTube) eingespeist. Die ca. 150 W PV-Folie* erntet über den ganzen Tag Strom, sogar bei diffusen Lichtverhältnissen.
Das ca. 1,1 m² große Dach erzeugt etwa die Energie einer mittellangen Fahrstrecke. Rahmen und Folie sind gerollt oder auch faltbar ausgeführt.

Das leichte, abnehmbare Dach ist windschlüpfrig; denn auch wechselnde Winde sind eigent-lich flach. In einer längeren Testphase fuhr ich ein solches problemlos - auch bei starken Wind-böen.
Die Nachrüstung dieses Daches - welches hinter der Sattelrückenlehne oder am Lenker ein-klinkt - ist immer ein Zugewinn.

An den Dachecken befinden sich Abbiege-Blinklichter. Das von der Batterie gespeiste Licht sollte - aufgrund der Gefahren in der heutigen Verkehrsdichte - durch ein Bremslicht ergänzt werden. Das zuverlässige Ein- und Ausschalten der Nachtbeleuchtung sollte über einen Dämmerungssensor erfolgen.

Das ca. 60 x 180 cm große Dach lässt sich bei Regen ca. 60 cm nach vorne schieben und sorgt so für mehr Trockenheit.

Eine wind- wie auch sichtdurchlässige Netzschürze schützt sowohl vor Regen als auch vor seitlicher Sonne. Sie wird bei Bedarf mit Klettverschluss am Dachrahmen befestigt. Dieser Store hat am unteren Saum ein Bleiband und hängt ca. 55 cm herab.

Sportlichen Radfahrern könnte dieses Dach auch ohne Elektroantrieb gefallen (mit Perlon-Gewebe statt PV-Folie bespannt, wiegt es nur ca. 700g).

6.) Luftloser Reifen?

Meine Vorstellung einer neuartigen Bereifung aus härterer Gummimischung benötigt weder den üblichen Felgenwulstdraht noch Gewebeeinlagen - weder einen Schlauch noch inneren Luft-Überdruck.

Zudem bietet eine nur kleinfinger-schmale, mittlere Abrollwulst den perfekt-minimierten Rollwiderstand. Die seitlichen, auf Gripp optimierten Hilfswulste rollen in der Schräglage eines Kurveneinschlags in ergänzendem Bodenkontakt.

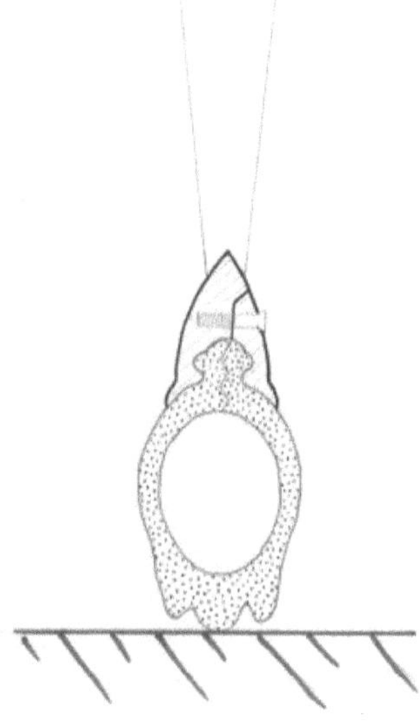

Diese Art Reifen federn bereits durch ihr starkwandiges Hartgummi-Querschnittsprofil ab (siehe Zeichnung). Im Falle höherer Lasten lässt sich diese Bereifung dennoch entsprechend aufpumpen.

Zur Reifenmontage hat diese fahrRAD-Bereifung eine zweiteilige "Verschraubfelge", welche perfekten und formschlüssigen Reifensitz gewährleistet.

Auch entfallen bei diesem nagelfesten Modell ein Aufpumpen und „Patschen-Picken".

Und obendrein ist das draht- und gewebefreie Material im Recycling unproblematisch und als Granulat wiederverwertbar! Besonders auf rauem Gelände und im Lastentransport ist diese Bereifung langlebig und reparaturarm.

7.) Der Handschoner

Um übliche Mikrotraumata im Handgelenk zu vermeiden, könnten zur Stoßmilderung in den Lenkgriffen bzw. deren Übergängen zum Lenkbügel hin, je eine zylindrische, elastomere Rohr-stopfen-Verbindung eingelassen sein. Diese steifelastische Brücke könnte different auf das Gewicht einer Person hin angeboten werden (oder sie wird different tief eingelassen).

8.) Mühsam ein RAD bespeichen war gestern ...

Rückenfreundlicher Nebeneffekt am neu erdachten „fahrRAD": das hintere Laufrad kann *optional* mit 12 konischen Fieberglas-Bogenfedern oder Stahl-Blattfedern - anstatt üblicher Speichen - eine effektive Schock-Absorbierung erhalten. Auch andere Shock-Absorber (für vorne und hinten) verteuern ein Fahrrad. Dieser Ansatz benötigt, wegen dem Hinterrad-Schwerpunkt, nur dort eine Dämpfung.
Auch Kinderwägen lassen sich prinzipiell mit solchen Rädern bestücken.

9.) Langfingersperre

Mit einem langen, aus dem Rahmen herausziehbaren Stahlseilschloss lässt sich das Rad anhängen und gegen Diebstahl sichern. Eine zweite Schnell-Wegfahrsperre wäre ebenso praktisch und praxisnahe.

Die Sicherung von Stahlseilschloss, Akku, Stauraumkorb und Solardach sollte mit nur einem Schlüssel möglich sein. Noch besser wäre **ein Handsenderschloss** - welches wie bei PKW′s schon lange üblich - alles zentral verriegelt.

10.) **Das kleine Lastenrad**

Der Markt für Cargo-Bikes ist vielfältig, aber alle Cargo-Bikes sind recht teuer in der Anschaffung und haben ein sperrig-langes Design.

Als Alternative zu diesen Fahrrädern könnte jedes normale Fahrrad den folgenden Ladekorb hinter dem Sattel aufnehmen:

Ein Ansteckkorb mit den Maßen von ca. 60x140x55 (B, H, L) cm, der im Sinne der ökologischen Nachhaltigkeit aus geflochtener Weide hergestellt werden kann. Dieses Naturmaterial ist vom Gewicht her etwas leichter als z.B. Aluminium-Streckmetall und könnte als weit offenes Netz strukturiert sein. Diese Dimension würde 420 Liter gesichertes Ladevolumen bieten. Der Boden besteht aus 4 mm starkem Buchensperrholz mit einer 8 mm starken Kantenverstärkung, und er ist an den Ecken mit vier Lenkrollen verbunden.

Der Weidenkorb wird am Sitzrohr eingehängt und mit einem Ruck an den beiden Sitzstreben am Rahmenheck eingerastet. Be- und entladen wird der Korb über seine abschließbare Heckklappe. Bei Bedarf hält eine regensichere Abdeckung das Transportgut trocken.
Er kann auch als praktischer Einkaufswagen (in ca. 60x90x50 cm, mit 240 l) aus geflochtener Weide verwendet werden. Abgenommen vom Rad, wird dieser Korbtyp auf seinen Rollen wie ein Reisekoffer mit leichter Hand geschoben.
Diese Art von Gitterkorb ist auch eine preisliche Konkurrenz zu den teuren und sperrigen Lastenrädern und hilft angehenden Zustellern auf dem Weg in die Selbständigkeit. Und wenn Sie den Korb zu Hause lassen, können sie ihr Fahrrad wie üblich nützen!

* Des weiteren befinden sich global einige Milliarden meist in Ostasien produzierte Plastikkoffer in Haus-halten, und bald danach auf den Müllhalden. Sie sollten durch drei ineinanderpassende, langlebige Reise-koffer aus Weidengeflecht ersetzt werden. Diese würden uns vor zigtausenden Tonnen Plastikmüll und deren Zerfall an Mikroplastik bewahren; und vor allem, den fortwährend umweltschädigenden, übelriech-enden Plastikkofferhandel beenden. Auch würde ein uraltes Handwerk seine Wiederbelebung erfahren.*

Mit gefälligem Innenstoff und buntem Wachstuch-Wettercover wäre dieser Weidentrolley ein weiterer, nachhaltiger Nutzartikel, für ökologischeren Lebensstil.

Eigenbau-Set's samt Anleitung könnten auch als Rohmaterial geordert werden. So ließe sich ein eigener Ansteckkorb herstellen. Kann ja nicht allzu schwer sein - oder?

10.a) Schwerlast-Anhänger

Hierbei handelt es sich um einen Tieflader-ähnlichen Anhänger, welcher über das fahrRAD oder ein e-Bike gelenkt wird. Er leistet CO²freie Zustellungs- und eventuell auch Taxidienste und er ist besonders für die heutige Klimasituation konzipiert.

Dieser 2,9 m lange Hänger fährt auf 1,25 m breiter Spur u. wiegt ca. 100 kg. Gleich hinter der hochstellbaren Deichsel entlasten zwei ~ 35 cm große zwillingbereifte Räder die Drehtellerbasis. Die Deichsel hat ihre Auflaufbremse und händische Feststellbremse. Das Frachtgewicht verteilt sich so (mit den zwei weiteren, 60 cm großen Zwilling-Hinterrädern) auf acht Räder.

Den Lastbetrieb übernehmen vier synchron geschaltete Nabenantriebe, deren Leistung auf eine zu bewegende Last von max. 900 kg auszulegen wäre (a´ 350W).

Zur Deichsel-solo-Handführung sollen die e-Motore über einen 2 km/h Retourgang und einen 6 km/h ersten Gang verfügen.

Die vier Felgenbremsen erlauben es bei Volllast 25 km/h und bei Leer- oder Teillast bis zu 45 km/h.zu.fahren.

Anstatt Rückspiegel hat der Hänger eine Heckkamera, welche dem Fahrer per Monitor das rückseitige.Geschehen.anzeigt.

Die extra tief platzierte und 3,6 m² große Ladefläche besteht aus einer 19 mm OSB. Die Abfederung erfolgt über zehn verteilte Druckfedern, welche das Fahrgestell mit der Ladefläche verbinden.

Mit 125 cm Spurbreite widersteht der 170 cm hohe Aufbau seitlichem Wind. Bei Starkwind und geringem Frachtgewicht bleiben die Seitenplanen entsprechend hochgerollt.

Der Aufbau bietet Platz für 3 Warenpaletten auf 6 m³ großen Laderaum an. Längs ist der Anhänger in U-form mit dem 1,7 m hohen Dachrahmen aus großmaschigem Schweißgitter überbrückt. Das Ganze ist mit einer solaren Gewebefolie (z.B. vom Hersteller* *Alwitra*, *Flisom* oder *Heliotek*) abgedeckt. Die Ladung ist auch durch seitliche Deckplanen wettergeschützt. Sie werden mittels spezieller e-Rollos geöffnet bzw. verschlossen und sie zippen zugleich die seitlichen ZIPverschlüsse mit.

Diese Eindeckung liefert über ihre 12 m² PV aktiver Oberfläche - auch bei trübem Tageslicht - ausreichenden Eintrag an Antriebsenergie. Für weite Transportwege sind im Chassis des Hängers Akkus untergebracht; sie werden dort in eigene Fächer eingeschoben und stellen die ausreichenden Wegreserven.

10.b) <u>Der Hänger kann auch zu einer **Familienkutsche** bzw. komfortablem **Campingzelt** umgebaut werden:</u>

Zur Personenbeförderung hat die Kutsche (ggf. das Taxi) Steckfix-Sitzbänke. Sie sind aus filzbelegten, leichten OSB-Sitzflächen auf Metallgestell gefertigt. Bei drei Sitzreihen bietet der Anhänger noch Platz für 1 - 2 Kinderwagerl. Der Einstieg soll, wegen der bei uns üblichen Fahrtrichtung, rechtsseitig erfolgen.
Die seitlichen PV Abdeckplanen gewähren - durch integrierte Transparentfolien - eine Rundumsicht für die maximal 8 Personen einer Beförderung. An kalten Tagen erwärmen kleine Quarzstrahler die Fahrgäste.

Zur Zeltfunktion ergeben angefügte, seitliche Klappwände aus leichten Stegplatten eine 12,4 m² große Wohn/Schlafebene. Beim Aufklappen der Wände öffnet sich das Zelt über Auswölbespangen aus Fieberglas. Dann noch die vier Außeneck-Stützen zum Boden hin justieren – fertig!
Überall findet sich wohl ein schöner Camping- oder gratis Parkplatz. Mit Eigenstrom, Solardusche und Campingtoilette lässt sich auch mit kleinem Budget reisen.

Jedes Fahrrad kann diesen Großraum-Hänger lenken. Mal als Familienkutsche, mal als Zustellungs- oder Taxiservice. Im städtischen wie ländlichen Raum eröffnet er emissionsfreie Verkehrsdienste, auf Basis selbständigen Unternehmertums.

<u>Die generellen fahrRAD-Vorzüge sind:</u>
* Diese fahrRAD-Zusätze stellen einen Beitrag zu weiterer Verkehrs- und Klimaberuhigung.

* Die Ansätze bieten ein Singel-fahrRAD wie auch ein Tandem, Cargo, TAXI oder eine Familien-kutsche.
* Als Cargorad gibt es dem Zusteller Arbeit und reduziert städtischen Smog und Stau.
* Die Neuerungen können jede für sich zur Anwendung kommen.

Fazit: Dieses innovative fahrRAD wäre kein "nur Schönwetter-Fahrrad" und am Markt sicher bald beliebt. Es könnte die Fahrradbranche - wegen der hohen Sicherheit und Mehrbereichs-fähigkeit - positiv bereichern! Diese lizenzfreien, innovativen Ansätzen böten Ihnen einen speziellen Markenvorsprung für Ihre Fahrradherstellung. Manches daraus kann auch als Nachrüstset angeboten werden.

____

* *PV-Folien erzeugen z.B. ARMOR solar power films, Heliatek ®, Flisom, Alwitra-Evalon cSi ®, FirstSolar®, Nanosolar ®.*
** *USB-Plog, Navi-Integration und eine Freisprecheinrichtung, vereint mit der Ladestand-, Kilometer- und Tachoanzeige, in einem klapp- und abnehmbaren Display (neben breitem Rückspiegel) im Dach, ebenfalls gute Zusatzoptionen.*

Auch von Schwellenländern ließen sich örtlich angepasste fahrRAD-Produktionen verwirklichen. Alle 10 Innovationen sind jedenfalls kostenfrei zu haben. Eine günstige Alternativmobilität, mit der Vermeidung fossiler und straßenbaulicher Nachteile, wäre dort sicherlich begrüßenswert und Not-wendend.

© by Michael Thalhammer - July 2013 - Technically updated, Vienna, 03.11.2021

Dehnfolienersatz im Warenstapeltransport

<u>Das.erfinderisch.Neue</u>

Ob zartes Obst oder schwere Teile, alle Warenstapel müssen bislang für den Versand x-mal mit Dehnfolien umwickelt werden. Muss das weiterhin so bleiben?
Motiviert, einen zukunftstauglichen Ersatz für Unmengen an Folienmaterial zu finden - welches nach jeder Zulieferung als problematische Abfallware zurückbleibt - erdachte ich eine Lösung mittels einer neuartigen Vorrichtung: so entstand eine einfache und hunderte Male verwendbare anspannbare Ummantelung.
 Diese Vorrichtung ist in der Lage, die Warenstapel (auch jene auf Air- & Seaway) auf ihrem Transport gegen Verrutschen und Herabfallen in fester Umschließung zu fixieren.
Die Ummantelung könnte aus robuster, leichter und preiswerter - etwa 1,2 m breiter – PVC-Gewebeplane bestehen. Auch Schutzzaun-Netze könnten dafür verwendet werden.

Diese den Warenstapel umschließende Ummantelung ist an ihren Enden mit je einer 18 x 18 mm starken Hartholzleiste fix verbunden.
Eine Ratsche, welche der »Ratschenleiste« fix aufsitzt, gewährt das anspannende Mantel-einrollen. Der Kopf der Ratsche ist ein ½zoll-4kant*, an dem der »Palettier« seinen Akku-schrauber mit entsprechendem 4kant-Auge anlegt.

Zuvor verbindet er beide Leisten per oberem und unterem Bügel. Dies erlaubt der parallel frei drehbaren Ratschenleiste das Anspannen des sich um diese Leiste einrollenden PVC-Gewebes. Zum Entkleiden drückt der »Palettier« am Zielort die Entsperrtaste am Ratschenkopf. Die Ummantelung kann nun mit dem Akkuschrauber in waagrechter Position zu einer kompakten, faltenfreien Stange aufgerollt werden. Es ermöglicht so ein schnelles, geordnetes Retoursenden von Leihpaletten und den ebenfalls mit Pfand belegten Ummantelungen.

   *Hier könnte auch jedes andere Kopfprofil sein - doch sollte zum globalen Warenaustausch der Dachverband eine internationale Norm erstellen.

<u>Der Vorteil</u>

... dieser Vorrichtung ist, dass Ihr Lagerpersonal die Transportbereitstellung vergleichsweise in nur etwa 3/4 der üblich benötigten Zeit bewältigen kann. Nur einmal um die Palette herum >>

die Mantelleisten verbinden >> Anspannratsche per Akkuschrauber eindrehen >> schon ist die Ware versandbereit.

Bisher werden mindestens 30 Meter Dehnfolie - x-mal um den Warenstapel herumlaufend - aufgetragen. Auch teure Paletten-Wickelautomaten sind dagegen umständlich und benötigen viel Platz.
Diese Ummantelung würde somit erheblich zu Umwelt- Luft- und Gewässerschutz beitragen. Damit wäre das gravierende Umweltproblem derartiger Berge von Dehnfolienmüll gelöst. Zugleich würde dies Ihr Firmenprestige eines umweltbewussten Zulieferers stärken.

Der Anwendungsbereich

... ist an allen blockförmigen Stapeltürmen gegeben; diese könnten dann ohne Unmengen an Dehnfolien zugestellt werden. Die "Blockförmigen" stellen ja auch die große Mehrzahl im Warenversand.

Nur noch extrem unförmige Warenstapel benötigen weiterhin das herkömmliche Folieren.
Auch genügt zur Applikation dieser einfachen Vorrichtung nur einen »Palettier«. Wäre es nicht sinnvoll und wünschenswert, dass kleinere Lager sowie auch Marktleader der Logistikbranche solche Vorrichtungen in Ihr Portfolio integrieren?

Zur.Rentabilität

Die Anschaffung kommt durch den verminderten Arbeitszeitaufwand und die Folien-Kosten-einsparung vermutlich rasch ins Plus. Die Fahrer bringen ihrem Versandlager die betriebseigenen Paletten - und nun auch die Ummantelung - in das Lager zurück (oder werden per Pfand belehnt).
Sie und Ihre Kunden finden durch den Einsatz dieses einfachen Behelfs neben gutem Image auch erhebliche Erleichterungen.

Obwohl die Ummantelung ebenfalls aus Kunststoff besteht, entspricht dies im Verhältnis zum jetzigen Dehnfolienverbrauch immer noch einem relevanten Rohstoff-Upcycling.

Gerade all die Dehnfolien sind es, die sich eher rasch zu gefürchtetem Mikroplastik zersetzen. Jede Tonne weniger davon ist für uns und die Umwelt von großem Vorteil. Weltweit kommt da bislang ja Etliches zusammen!

Es steht jedem frei, diese einfache aber sinnvolle Vorrichtung herzustellen und zu vermarkten!

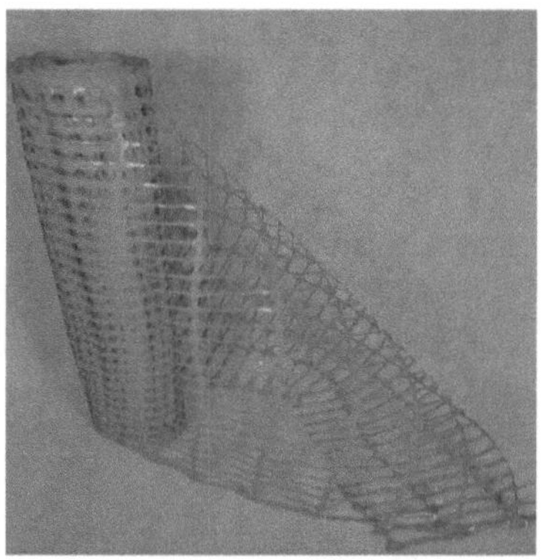

============

PLASTIK aus Flüssen downcyclen

<u>Downcycling – Besser weniger Wert als gar kein Wert!</u>

An 1.350 untersuchten Flüssen zeigten sich, dass nur 10 davon das meiste an Plastikmüll in die Meere eintragen. Diese sind vor allem der Nil, der Niger und die acht großen asiatischen Ströme.
Ein echtes Recycling durchläuft weltweit nicht einmal 5 % alles anfallenden Plastikabfalls. Wo landen die restlichen 95 %?

<u>Setzt man vor dem Delta</u> dieser (und anderer) Ströme, beidseits der Flussufer, eine endlos kreisende Auffang-Netzschleife, so lässt sich das meiste mit der Strömung heranfließende Schwimmgut abkeschen.
Die beiden, etwas über die Mitte reichenden Netzschleifen wären zueinander im Strecken-abstand so, dass sie für Schiffspassagen leicht zu umfahren sind.

Das ständig kreisende Endlosnetz wendet jeweils am Ufer ins Waagrechte und schüttelt das aufgefischte Material nach unten auf ein Fließband. Das Band führt den Ertrag direkt einer beigestellten, hochwertigen downcycling-Anlage zu.

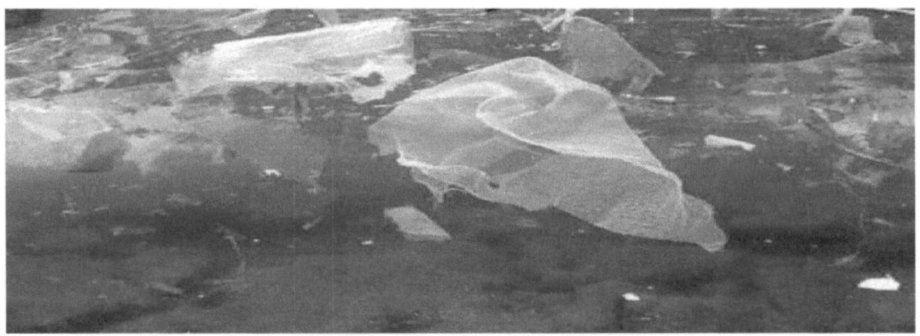

Ein Vorbild zu solchen sinnvollen Verwertungsanlagen könnte ev. z.B. unter: www.recenso.eu
zu ersehen sein. RECENSO hat ein Verfahren zur industriellen Anwendung gebracht, mit dem
gemischte Kunststofffraktionen in flüssige und universell verwendbare Ausgangsstoffe zurück-
verwandeln lassen.

Zwei vorangestellte, weitere Grobnetze sind nötig, um schweres Grob-Treibholz abzufischen,
welche die feineren Netz für die Plastikmüllteile zerreißen würden.

Der Pyrolysereaktor des KIT erhitzt Kunststoffabfall, um Rohstoffe zurückzugewinnen.

Ähnlich konfiguriert könnten schwimmende, als große Teppiche parallel verbundene Fluss-
Turbinen platziert werden und große Energiemengen elektrischen Strom liefern. Jedes dieser
Schaufelradwalzen würden im Verbund bereits große Strommengen, 24 Stunden täglich, als
wertvolle, günstig erzeugte Betriebsleistung erbringen. Siehe z.B. auch: Strom-Boje von
AquaLibre: www.aqualibre.at.

= = = = = = =

UPCYCLING für Frachtschiffe

Jedes der zig Millionen Frachtschiffe die unsere Ozeane überqueren, werden nach ihrer seetauglichen Betriebszeit in Drittwelt-Ländern in schmutzigem Downcycling zerlegt.

Diese konstruktiv wertvollen Aufbauten könnten statt dessen ein zweites, sinnvolles Gebrauchsleben bekommen:

An Anlegestellen oder an Land gezogen mit dem Kiel nach oben würden sie - mit einer entsprechend verlängerten Betriebsgenehmigung, als Mehrzweckräumlichkeiten ausgebaut - noch etliche Jahre wertvolle Dienste leisten. Ob als Schule, Oper, Museum, Kaufhaus, Galerie, Krankenhaus, Restaurant oder für kommunales Wohnen - bietet so ein Schiffsbauch viele

Möglichkeiten an. Im Neubau kosten solche Einrichtungen ohnehin knappe Ressourcen, nehmen viel an urbanem Raum ein und weisen im Verhältnis auch kaum ein mehr an Lebenszeit auf.

Auch diese Ansätze sind allenfalls von UNHCR und UNIDO zur weiteren Umsetzung zu überlegen.

© Michael Thalhammer, Wien, Dezember 2019

____

Grobvakuum-Einsatz im Innenraum von Eisschrank- und Kühlraum

Anregung für die Herstellerindustrie von Kühlschränken, Kühlcontainern, Kühl-LKWs, Kühlwaggons etc..

Als luftdichte Kühlgehäuse ausgeführt, wird bei geschlossener Türe mittels einer Unterdruckpumpe ein geringes Vakuum erzeugt, um die gelagerten Lebensmittel um ein mehrfaches länger im Frischezustand zu konservieren (Tupperware®-Effekt).

Bei Betätigung des Türschlussmechanismus kann abgesaugte Luft - durch dessen Konstruktion - sogleich wieder einströmen (Druckausgleich). Der in einer Olive eingesenkte Türgriff öffnet zuerst das Luft-Einlassventil. Erst nach diesem sogleich erfolgten Druckausgleich, lässt sich die Türe widerstandsfrei öffnen.

Bei jedem Türeschließen bewirkt ein Sensor oder Schalter das erneute Luft-Abpumpen; dieser Sensor kann jedoch auch deaktiviert werden.
Die Kondenswasser-Ableitung gibt den Abfluss der anfallenden Flüssigkeit bei jedem Öffnen des Kühlraums (über ein Unterdruck-Kugelventil) frei. Beim Türe-Schließen bzw. neuerlichen Luft-Verdünnen verschließt das Ventil diesen Abfluss wieder.

© MICHAEL THALHAMMER, IN BADEN NEAR VIENNA, ON 26.02.2013

= = = = = = = = = = = =

SCHLAMM-ARBEITSSTIEFEL - <u>DIE IM MORAST NICHT STECKEN BLEIBEN</u>

Es gibt natürlich bereits eine Vielzahl diverser Regenstiefel am Markt. Im Arbeits- bis zum Modebereich hat es für jeden Bedarf seine Modelle, doch gibt es auch den Bedarf für Arbeiten im moorigen Tiefschlamm, der besonders Kraftzehrend ist.

Um das normale Gehen in zäh-nassem Schlamm zu gewähren, genügt einfach ein offener, mitverarbeiteter 2 mm Luftkanal, welcher im Stiefel über den Wadenschaft abwärts, dann durch die Fersensohle bis zur Ristwölbung verläuft.

So muss der Fuß mit dem Stiefel keinen anstrengenden Sogstempel bilden, und man kann fast ungehindert wie auf neutralem Untergrund gehen.

Unerheblich bleibt hierbei, dass dieser Kanal bei jedem Schritt etwas vom Schlamm aufnimmt, da diese Menge auf pneumatischem Weg ganz leicht wieder austritt.

© by Michael Thalhammer - Wien, am 21.10.2019

= = = = = =

<u>Aufblasflügel</u> auch für Frachtschiffe

Source: <u>WWW.INFLATEDWINGSAILS.COM</u>

90 % aller Fernfracht geschieht auf "dreckigen" Seewegen (Schwerölbetrieb).
Dies soll und muss in Zukunft anders werden. Nun ist es auch gut und günstig umsetzbar! Mit der einfachen wie revolutionären Erfindung zweier Schweizer Tüftler lassen sich auch 1000 m²

79

große Segelflächen verwirklichen. Große Schiffe können sogar mit mehreren tausend m² mit Windkraftantrieb ausgerüstet sein.

Die Vorteile VON IWS: Das Segel fliegt senkrecht. Das NACA-Profil wurde erstellt, um eine hohe Antriebskraft für einen niedrigen Aufrichtmoment zu entwickeln.
Das symetrische Tragflächenprofil ist ausbalanciert und befindet sich in der besten Position, um die treibende Kraft zu maximieren.
Das aerodynamische Zentrum bleibt bei allen Windverhältnissen stabil.
Diese Art Segel kann in Systemautomatik betrieben werden.

IWS.bestehen aus einer doppelten Haut als symmetrischem Strömungsprofil.
Lüfter in der Vorderkante stabilisieren die Segelform für alle Windverhältnisse und ein freistehender, einziehbarer Mast ist im aerodynamischen Zentrum des Tragflügels.

IWS Reduziert den Aufwand auf dem Boot: Formkontrolle über den Innendruck, keine Latten, kein lokaler Stress. Der Flügel fliegt vertikal und erzeugt keine lokalen Spannungen in der Membran, leichtes Segeltuch.

Siehe dazu das 8 min. VIDEO auf:
https://www.yacht.de/yacht_tv/test_technik/ist-der-aufblas-fluegel-die-revolution-des-segelns/ a118866.htmlsowie: www.inflate dwingsails.com

Perfekt für gigantische Segel zu Superyachten, Öltanker etc..

Wenig Fersenwinkel gegen den Wind. Freistehender, einziehbarer und leichter Mast, der im Flügel versteckt ist. Das Ablassen des IWS erfolgt durch Entleeren des Flügels und Zurück-ziehen des Masts. Der leichte Baum, ist in den Flügel integriert und nimmt den Teil des Segels auf, der fallen gelassen und entleert wurde.

IWS verhält sich wie ein Muskel, STABILISIERT DURCH HOCHDRUCK. Keine Druckkräfte in der Takelung, was den Gebrauch eines einziehbaren Mastes erlaubt.

<u>Auch diese Ansätze wären auch von der UNIDO zur weiteren Umsetzung zu überlegen.</u>

=   =   =   =   =   =   =

<u>**2050   -   mehr   Plastik   als   Fisch   im   Meer!**</u>

<u>8 Millionen Tonnen Plastikmüll gelangen jährlich in die Weltmeere. Bildlich: Jede Minute wird eine LKW-Ladung Kunststoff im Wasser versenkt! Es liegt nun an unseren wirtschaftlich führenden Nationen hier technische Umsetzungen zu leisten ...</u>

<u>GLYPHOSAT - kommt Ersatz?</u>

<u>Ungewöhnlicher Zucker aus Cyanobakterien wirkt als natürliches Herbizid:</u>

Chemiker und Mikrobiologen der Universität Tübingen entdecken Zuckermolekül, das Pflanzen und Mikroorganismen hemmt und für menschliche Zellen ungefährlich ist – Eine Alternative für das umstrittene Glyphosat.

Forscherinnen und Forscher der Universität Tübingen haben einen Naturstoff entdeckt, der dem umstrittenen Unkrautvernichtungsmittel Glyphosat Konkurrenz machen könnte: Das neu gefundene Zuckermolekül aus Cyanobakterien hemmt das Wachstum verschiedener Mikroorganismen und Pflanzen, ist aber für Menschen und Tiere ungefährlich.

Wirkstoffe für den pharmazeutischen oder landwirtschaftlichen Gebrauch haben ihren Ursprung oft in Naturstoffen. Diese können aus komplexen chemischen Strukturen bestehen, aber auch verhältnismäßig einfach aufgebaut sein. Oft liegt die Genialität solcher Wirkstoffe in ihrer Einfachheit: Sogenannte „Antimetabolite" (von Metabolimus=Stoffwechsel) treten in Wechselwirkung mit lebenswichtigen Prozessen in der Zelle, indem sie Stoffwechselprodukte nachahmen. Das Ergebnis ist eine Störung des betroffenen biologischen Prozesses, was zur Wachstumshemmung oder gar zum Tod der betroffenen Zelle führen kann.

Das Tübinger Forschungsteam aus der Chemie und Mikrobiologie stieß nun auf einen sehr ungewöhnlichen Antimetaboliten mit bestechend einfacher chemischer Struktur: Ein Zuckermolekül mit dem wissenschaftlichen Namen „7-desoxy-Sedoheptulose (7dSh)". Anders als gewöhnliche Kohlenhydrate, die in der Regel als Energiequelle für Wachstum dienen, hemmt diese Substanz das Wachstum verschiedener Pflanzen und Mikroorganismen, wie zum Beispiel Bakterien und Hefen. Der Zucker blockiert dabei ein Enzym des sogenannten Shikimatwegs, eines Stoffwechselweges, der nur in Mikroorganismen und Pflanzen vorkommt. Aus diesem Grund stufen die WissenschaftlerInnen den Wirkstoff als unbedenklich für Menschen und Tiere ein und wiesen dies auch bereits in ersten Untersuchungen nach.

Langfristiges Ziel sei, umstrittene Herbizide und damit auch deren gesundheitlich bedenklichen Abbauprodukte langfristig ersetzen zu können, so die WissenschaftlerInnen.

Quelle: Die gemeinsame Studie wurde unter Leitung von Dr. Klaus Brilisauer, Professorin Stephanie Grond (Institut für Organische Chemie) sowie Professor Karl Forchhammer (Interfakultäres Institut für Mikrobiologie und Infektionsmedizin) durchgeführt. Sie ist im Fachjournal »Nature Communications« erschienen. 10.1038/s41467-019-08476-8

=============
=======

<u>LINSEN</u>: Das Rezept gegen den Welthunger

Quelle: *https://youtube/TByhNAgAZ8M*

Kleine Pflanze – große Hoffnung: Linsen könnten der Schlüssel sein im Kampf gegen Hunger und Mangelernährung. Sie gedeihen in Trockenregionen, sind sehr proteinreich und wahre Kraftpakete voller Mineralien und Spurenelemente. Wissenschaftler überall auf der Welt arbeiten daran, sie dank modernster Biotechnologie noch ertragreicher und krankheitsresistenter zu machen.

Linsen könnten das sein, was die Menschheit dringend braucht: ein echtes Ernährungswunder. Die anspruchslose Hülsenfrucht gedeiht nicht nur besonders gut in Trockenregionen; Linsenpflanzen haben außerdem die Fähigkeit, Stickstoff aus der Luft in ihren Wurzelknollen zu speichern. So düngt ihr Anbau auch auf natürliche Weise den Boden. Außerdem sind Linsen wahre Kraftpakete voller Mineralstoffe und Spurenelemente.
Nimmt man die kleinen Hülsenfrüchte zusammen mit Getreide oder Vollkornreis zu sich, ergibt das ernährungsphysiologisch gesehen eine perfekt ausgewogene Mahlzeit. Denn Linsen enthalten rund 25 Prozent Protein. Wissenschaftler in aller Welt bemühen sich deshalb,

Linsenpflanzen noch ertragreicher zu machen. Forscher züchten besonders robuste Sorten und auch extrem schnell reifende, die zusätzlich in die Fruchtfolge der Kleinbauern in armen Ländern hineinpassen.

Die neuen Sorten werden außerdem so gezüchtet, dass sie noch mehr wichtige Nährstoffe wie Eisen und Zink enthalten. So sind Linsen auch ein Rezept gegen den versteckten Hunger, die Mangelernährung. Größter Anbauer von Linsen ist inzwischen nicht mehr Indien, sondern Kanada. Die Provinz Saskatchewan wird schon als „Linsenkammer der Welt" bezeichnet. Kanadische Linsenpflanzen wurden so entwickelt, dass sie mit Maschinen zu ernten und zugleich resistent gegen Unkrautvernichtungsmittel sind. Das garantiert riesige Erträge. (In Kanada sind die Linsen oftmals Bestandteil in der 4jährigen Fruchtfolge. Dies spart Stickstoffdünger)

Doch gleichzeitig entwickelt sich gerade in den Ländern, wo die Menschen ganz besonders auf Linsen angewiesen sind, eine immer größer werdende Versorgungslücke. Die Arbeit der Linsenforscher ist daher ein Wettlauf gegen die Folgen des Klimawandels und des Bevölkerungswachstums.

Unter: www.marysmeals.org >Eine Schale Getreide verändert die Welt< kannst auch du hoch effizient helfen, die bitteren Folgen von Nahrungs- und Bildungsmangel zu lindern.

===================
========
===

Bevor wir - geschätzte Leser - auf das Thema unserer <u>inneren Atmosphäre und Spiritualität</u> im Teil 3.0 näher eingehen wollen - noch ein paar Worte zu unserer weltlichen "Realität":

<u>Real</u> erscheint uns Menschen, dass alles was Bezug zu Beruf, Herstellungen, diversen Dienstleistungen und sozialem Ansehen mit Geldeswerten zu tun hat. In der Folge befindet sich jeder, wirklich jeder, in seiner speziellen gesellschaftlichen Zugehörigkeit. Die <u>Rüttelsiebe</u>* von Industrien, Finanzwesen, und das allgemeine auf Konkurrenz geschehende Handeln und Denken bewirken aber einen gewissen, unmerklichen "Seelenraub".

Aus dem einher entstandenen Raubbau folgten dann auch: land-grabbing, Kinderarbeit, regional extreme Armut, ethnocide, aussterbende Berufsgruppen und allerlei Aneignungen von Ressourcen, durch Wenige. Jeder wurde ersetzbar und zählt nur mit seinem Konsumvermögen und als Wählerstimme - oder er zählt gar nicht, und ist gezwungen in seiner existenziell prekären Armut zu verbleiben.

===================
============
====

Mein Standardbrief in LinkedIn:

Hello #resisdant-🌍-Community

LET'S CONTRIBUTE TO CLIMATE CALMING; MY CONCEPTS ALSO INVITE YOU - LET'S
IMPLEMENT THEM: #mobility, #plasticpollution, #agriculture, #TOPten4Bikes, #lightconstruction
and more... see:

www.earthsolar.info

Earthsolar.info - raus aus dem Klimakollaps!

3.0   Ist eine enkelgerechte Zukunft erwartbar ?

Hier im Teil **3.0** stelle ich unser aller Wandlungs- und Hoffnungsfähigkeit voran:

Seit mehr als 200 Jahren haben uns manche technische Entwicklungen, die seelenlosen Industrien, die rein Monetären-, Macht- und Wirtschaftspolitischen Interessen sowie manche bedenkliche Wissenschaftsanwendung in gefährliche Irrgärten verführt.

Wir wissen zwar nicht, wie lange es uns noch möglich ist auf Erden zu leben; doch erhoffen wir (nicht nur Christen), dass die Zeit der Verstockung ausläuft, und wir auf eine gänzlich neue und offene Ära zustreben. Diese Ära kommt ja nicht als billige Weltflucht und Ausrede vor unseren Nachkommen, sondern sie kommt als Eingreifen aus göttlicher Zusage. Folglich geht es dabei für uns alle - mit IHM - Glück, Freiheit, Freude und innere Ruhe zu erlangen; welche wir uns ja nie wirklich so recht selbst geben können ...

Mag sein, dass unsere jüngst Geborenen längst nicht <u>die</u> *letzte Generation* sind. Viel Substanzielles zu deren Auslangen verbleibt dennoch nicht gerade; denn die technischen und wirtschaftlichen Errungenschaften der letzten Jahrzehnte verschafften uns - auf Kosten sämtlicher Boden- und Lebensschätze - einen atemberaubenden und ungewöhnlich hohen Luxus und Wohlstand.

Dies aber versetzt uns nun in die heilige Pflicht, spirituelle Perspektiven zu suchen, zu finden und unseren Kindern zu übermitteln! Hierzu braucht es wohl viel an Gespür, Duldsamkeit und mutigem zur Wahrheit stehen, wo sich bereits Heute (nicht nur einige NGOs sondern ja auch unsere Kinder!) wegen der vielen zu Recht bestehenden Vorwürfe voller Wut äußern.

Soviel also zum "großen Rahmen". Von diesem her gesehen wäre es wohl unrealistisch, allzu große Erwartungen auf das nicht Überschreiten des 1,5°C Klima-Obergrenzwert´s* zu setzen.

Denn auch dieser Rahmen ist, bezüglich was vormals eine <u>Weitergabe gesunder Erbschaften</u> ermöglichte, mitverändert. So stehen wir heute mit ziemlich leeren Händen vor unserer nachdrängenden Jugend. Dies ist leider ein äußerst trauriges und beschämendes Faktum geworden. Ärger als Klimawandel und Ressoucenverknappung bedrohen uns die z.Zt. global 20 aktiven Kriege! Kriege sind aber eben auch eine der logischen Folgen aus der allgemeinen Gottesferne.

Nun ergeht es uns heute allen - schneller als je zuvor - ähnlich einem Embryo vor seiner nahenden Geburt: Auch ihm wird es zu eng, und es droht seine Unterversorgung. Auch kann sich das kleine Menschlein die Welt da draußen nicht vorstellen, und so befällt ihm <u>Daseinsangst</u>. Dabei geht es öfters auch tatsächlich um Sein oder nicht Sein - um Leben oder Versterben!
Der aufgebrauchte Mutterkuchen und das zunehmend toxische Umfeld drängen es in die große Bedrängnis im engen Geburtskanal. Mutter und Kind, und irgendwie letztlich auch der Vater, kommen ganz an den Rand ihrer eigenen Kräfte.

Der Klimawandel, die neuen Kriege und auch die rasanten technischen Entwicklungen machen uns atemlos und ängstlich hilflos – zumindest *ohne* Glauben, *ohne* Gott, *ohne* Gebete und *ohne* Sonntagsandachten.

<u>All diesem entgegnet - Gott Lob</u> - auch ein Anderes; ein <u>Auffangnetz</u> welches ebenso erfolgreich durch unser Empathievermögen, unsere moralischen Kodizes und durch eine gewiss in jedem Herzen innewohnende Solidarität bedient wird. Denn auch ethisch-menschliche Parameter weben an diesem starken Auffangnetz. Unsere vielen "kleinen" Taten, das Reden, Fühlen und Denken, im Zusammenhang mit Motivation und Können - mitsamt einem eventuell bestehendem Unvermögen - leiten uns, zur seit ewiger Zeit beschlossenen End-Scheidung (*Offb.d.Joh.*), um uns heimzuholen, zu bergen, und aus allerlei Anfeindung zu erretten. Zu einer starken Hoffnung gehört nun mal auch ein klarer Glaube, auf welchem die jeweilige Hoffnung aufbaut. Glaube aber führt, religiös gelebt, nach und nach zur Liebe - einer Liebe, welche die menschlich höchste Zielerreichung ist und die stärker ist als der Tod.

So kommt nun, geehrte Leser, in diesem Werk nochmal richtige Fahrt auf. Es geht um Re-li-gi-on. Sie bedeutet nichts Geringeres als die Rückverbindung zu unserem Schöpfer, als Heimweg zu Gott; und der dauert zumeist ein Leben lang. Wer kann erst die echte Wende des Klimaproblems ermöglichen? ER spendet uns die Liebe zu Moral und Ethik hinzu, ohne die die Wende nicht gelingen kann. Und er sagt, das er wieder kommt, am Ende aller Tage.

* Der Diplom-Meteorologe *Sven Plöger* erhellt in seinem Buch „Gute Aussichten für morgen" – leicht verständlich und unaufgeregt das eher komplexe Klimawandel-Thema.

Glauben wozu?

Bestätigen nicht die Erkenntnisse aus den systematischen Erforschungen (insbesonders über Zellforschung und Biologie, Astrophysik und Anthropologie, Geophysik und Botanik, Chirurgie und Medizin usw.) gerade gläubigen Menschen, das wundersame Einwirken Gottes? – so kann er Schöpfung doch tiefer bestaunen und in Ehrfurcht annehmen. Stellt deren glauben denn nicht geradezu die Königsdisziplin dar, welcher der hochsensibel bewahrende, ja konservative Auftrag gegeben ist, das religiöse Licht auf ihren Leuchter und nicht unter die Sessel zu stellen? Gerade weil wir ja ohnehin (fast) alle (fast) alles zu wissen glauben und für erklärbar halten, brauchen Gläubige auch das ausgleichende, demütige Beten und Hoffen, jenseits allgemeiner Berechenbarkeiten. Nur glauben, ohne klare Hoffnung ist blind. Und Hoffnungen ohne Glauben sind zuhöchst naiv. Erst Hoffnung *aus* Glauben schenkt uns die befreiende Liebe zu Gott und untereinander. Je tiefer und umfassender wir unsere innerseelischen und gesellschaftlichen Gefängnisse begreifen, desto stärker werden wir uns aus deren latenten Positionen freimachen können. Gerade Wissenschaften stellen auch hier (außer für Kreationisten) keine notwendigen Wiedersprüche zur fast 2.000-jährigen christlichen Religion dar.

Jesus hatte mich persönlich überzeugt: Er will, dass ich mein Kreuz auf mich nehme, und er geht uns selbst darin voran. So hilft Er, mit Blick auf Ihn, sogar den Stachel des Todes im eigenen Leib zu überwinden. Seine frei geschenkte Selbsthingabe - Sein Kreuzopfer - zeigt uns, dass das Jenseitige zum Leben nach dem Tod dazu gehört. Und so blieb Er nach der Auferstehung extra noch 40 Tage bei uns. Bis Heute ist er den Christen ein tages- u. jahreszeitlicher Strukturbildner - in zugleich permanenter Gegenwärtigkeit.

Was "Innerseelisch" noch bedeuten kann

Psychodynamisch wäre es die Lehre vom Wirken innerseelischer Kräfte. Ich betrachte es hier einmal als Wortschöpfung, in der ich mit euch re-ligio - also eine Rückverbindung zu IHM – zu Gott hin, zu ER-kennen versuche.

Folgende Wort-Dualitäten vermitteln hierzu einen möglichen Vorstellungsrahmen zu »inner-seelisch«:

Sieg - Niederlage

Richtig - Falsch

Gut – Böse

Nützlich - Unbrauchbar

Wahr - Lüge

Schön - Hässlich

Liebe - Hass

Jesus - Menschheit

Wir - Ich

Offen - Isoliert

Frieden - Krieg

Bejahung - Verneinung

Leben - Tot

Himmel - Hölle

Fortschritt - Stagnation

Freude - Trauer, Bedauern

Vertrauen - Angst

Klug - Dumm

... betrachte nun diese "Dipole" mit allen Schattierungen und nimm dir ausreichend Zeit, um diese mit deinen Farben und deinen jeweils eigenen Emotion zu fühlen. Lasse die jeweiligen Begriffspaare in dir einen harmonisch ruhigen bzw. stimmigen Platz einnehmen.

———————————

Im Falle eines **Atomangriffs** verkürzt sich unser Heimweg kollektiv auf Zehntelsekunden vor dem letalen Einschlag. Auch in diesem Falle wäre »der uns Liebende« permanent Gegenwärtig. Der »Lebendige« beherrscht das Totenreich <u>indem er es gar nie zulässt!</u> »Ezechiel wird von Gott in eine Ebene voller Knochen geführt. Dort fragt Jachweh Ezechiel: „Menschensohn, können diese Gebeine wieder lebendig werden?" Noch während er ihnen neues Leben prophezeit, fügen sich die Gebeine zusammen. Auf Geheiß Gottes hin kehrt schließlich sogar die Lebenskraft der Toten zurück«. *Ez 37,1-14*. Blättern sie bitte mutig und lesen weiter!

Das Hoffnung schenkende Netzwerk der Kirche

Am Weg ihres 2000jährigen Wirkens war Kirche bzw. das Christentum sicher nicht ganz unumstritten. Zugleich ist sie dennoch ihrem bewahrenden (konservierenden) Auftrag treu geblieben und aus göttlicher Wahrheit und Kraft essentiell immer neu erstanden.
So webt sie ja auch aktuell die alle Menschheit im wesentlichen umarmenden Liebesbanden, aus Gebet, Lobgesang und Speisung, mit Himmelsgaben aus Wort und Wahrheit. Ihre ebenfalls globale (www-)Vernetzung ist in diesem ihren Auftrag Zeit-übergreifend geblieben.
Der Glaube an Jesus und seine Kirche erlebt in Europa z.Zt. zwar nicht gerade eine Renais-

sance. Doch mit Blick auf die Wachstumszahlen in anderen Teilen der Welt, erscheinen auch hierzulande erneuernde Hinwendungen zu unserem Glauben an Jesus als durchaus möglich. Nüchtern betrachtet sind es ja gerade die allgemein mageren Zukunftsaussichten, der Leidensdruck und die Angst vor der sich zusehends verschärfenden Klimabedrohung, welche durchaus eine neuerliche Umkehr, hin zu religiös Spirituellem ergeben könnte.

Kirche, als Gemeinschaft spendende Glaubensvermittlung, ist beständig wie bislang auch unerlässlich. So, wie auch Ehe und Familie für stabile Sozialstrukturen und eine beglückende Form der Lebensweitergabe und inneres Glücklich-Sein auf Dauer wohl nicht ersetzbar sind.

Zwar gibt es auch das natürliche Gut-Sein im Menschen, ganz ohne Glauben, und jenseits ehelich treuer Freude. Doch fehlt es dabei letztlich zumeist an der Kraft, welche eine von Ehrlichkeit getragene Lebensverbindung mit sich bringt - an jener Kraft, aus der die ihr eigene Sinnbestimmung und die Möglichkeit eines gesunden Bestehens aus historischer Breiten entwicklung hervorging.

Das Nichts und das fast Nichts

Es könnte ja sein, es wäre nur das blanke Nichts, bloß die totale Leere; und so ist es ja nahezu gänzlich in den regelrecht endlosen Weiten des -272°C kalten interstellaren Raums. Dort ist nur äußerst selten mal ein Teilchen oder ein Photon Licht auffindbar; ja selbst Licht erreicht diese Bereiche nie. Es blitzen dort höchstens mal ein paar zarte Strahlen von einem ultraweitentferntem und hochseltenem Ereignis einer Supernova auf.
Mehr... https://www.spektrum.de/lexikon/astronomie/supernova/465
Da gibt es in einer Galaxie wie der unseren schon etliches mehr: zahllose Elementarteilchen, Licht, unvorstellbar hohe Energieabläufe und Sonnen ohne Ende, ect..

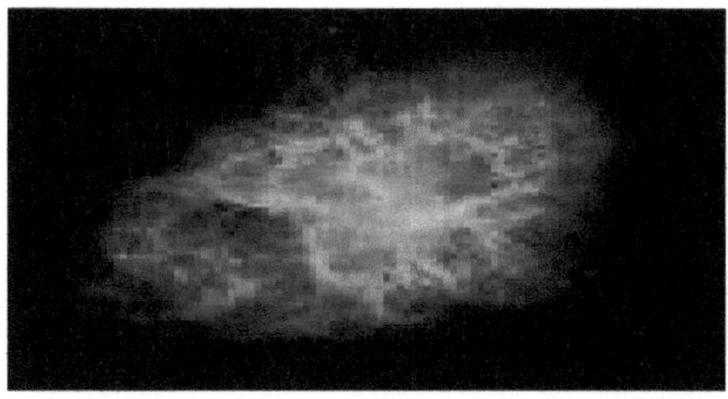

Doch all das ist wiederum fast gar nichts im Verhältnis zu hier auf Erden; mit einer wirklich unglaublichen Fülle an echtem Leben, in unendlicher Vielfalt , harmonischer Schönheit und in ständiger Kommunikationsfülle; also eingehüllt in einer regelrechten Informationswolke ohnegleichen. Die besten Astroforscherteams mit ihren modernsten Teleskopen können bislang nichts ebenbürtiges erblicken. Heute haben Astronomen moderne Teleskope, mit denen sie über <u>13 Milliarden **Lichtjahre**</u>*!!* weit ins All schauen können.

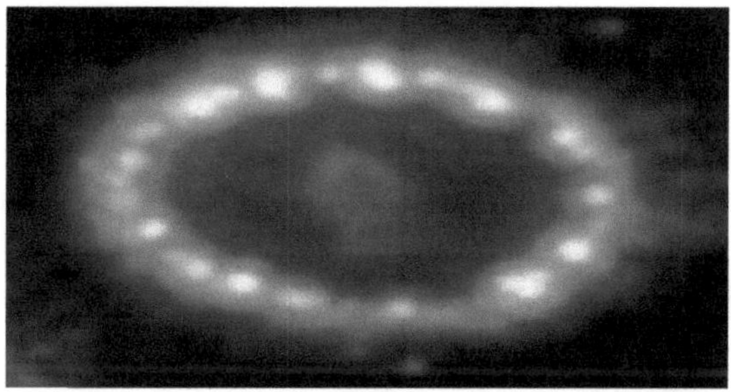

Trotz unserer Erbschuld ist es hier auf unserer wohl einmaligen Erde quasi bereits halbvoll. Gott jedoch wünscht dir und mir weit mehr - "Ein volles, gedrückt und gerütteltes, ja ein überfließendes Maß wird man in euren Schoß geben" *Lukas 6,38*.
Lass dir alleine diese paar Tatsachen einfach einmal auf der Zunge zergehen!

Hierzu noch ein paar wesentliche Gedanken: Unser an Leben und Arten übervoller Planet Erde birgt eine noch weit "übervollere" Informationsdichte an Kommunikationen untereinander. Diese oberflächlich nicht erkennbare Megawolke an Austausch ermöglicht ja erst dieserart geordnete Schönheit und Harmonie innerhalb der irdischen Lebensfülle. So hat jede Art in ihrem Habitat ihre eigene "Sprache" für ihr Bestehen, ihr sich Fortpflanzen und ihre Nachwuchsaufzucht.
Für uns Menschen bieten dies die rund 20 Laute, welche uns befähigen, in den weltweit etwa <u>6500 verschiedenen Sprachen</u>* (in Schrift als Buchstaben) zu kommunizieren. Mit diesen

kargen rund <u>20 Lauten</u> drücken wir unglaublich viel jeweils Unterscheidbares, als unsere Meinungen, Wünsche, Ideen und Gefühle, aus. Wir benennen mit ihnen all die Dinge, Zustände und all die anderen Lebewesen die wir kennen. Ist das nicht höchst erstaunlich?

laut Max-Planck-Institut für evolutionäre Anthropologie: allein schon die sieben Millionen Einwohner des pazifischen Inselstaates Papua-Neuguinea sprechen über 800 Sprachen.

WHOOOW!

Wie bewundernswürdig und bestaunenswert ist es erst, dass <u>Gottes wirkmächtiges Wort alleine</u>, dies <u>alles</u>, kraft seiner unendlichen Liebesmacht ins Dasein sprach und bis heute und weiterhin konstant aufrecht erhält!

Welche Vielfalt explodierenden Lebens erschuf Gott mit nur 4 Buchstaben: Adenin (A) und Thymin (T), Cytosin (C) und Guanin (G).

Auch sind die menschlichen Liebessprachen hoch vielschichtig
HUMAN LOVE LANGUAGES ARE ALSO HIGHLY COMPLEX

Der DNA-Faden ist wie eine Strickleiter aufgebaut. Das Rückgrat der Leiter besteht aus einem Zucker, der Desoxyribose, verbunden im Wechsel mit Phosphat. Die Sprossen dieser Leiter werden von den vier organischen Basen A, T, G und C gebildet.

Die DNA in einer menschlichen also eukaryotischen Zelle hat eine Länge von etwa 2 m. Ein Mensch besteht aus etwa 100 Billionen Zellen, davon sind 25% Blutzellen, die keinen Zellkern haben. Die Länge der DNA in einem Menschen beträgt also 150 Mrd. km, also 1000-mal die Strecke von der Erde zur Sonne.

Siehe.dazu: *https://simpleclub.com/lessons/biologie-dna*

Die Frage nach Gott

Mein-zum-Glauben-finden war nur ein ganz sonderbares Gefühl von Berührt- und Gemeintsein, bei dem ich spürte, dass ist es. Dieses zarte Geschenk ließ mich stammelnd so was ähnliches wie beten und mit Freudentränen danken. Mehr nicht.

Auch, dass mein Glaubensleben aktiv zu wachsen begann, war nicht meine eigene Bewässerung - es bleibt mir immerzu einfach ein Geschenk, dem ich mich nur mit Babyschritten anzunähern vermag.

Die wirklich große Distanz kommt mir ER selber vom siebenten Himmel her, aus Seiner ganz persönlichen Wohnstatt, entgegen!
"Seh ich den Himmel, das Werk deiner Finger, / Mond und Sterne, die du befestigt: <u>Was ist der Mensch, dass du an ihn denkst</u>, / des Menschen Kind, dass du dich seiner annimmst? Du hast ihn nur wenig geringer gemacht als Gott, / hast ihn mit Herrlichkeit und Ehre gekrönt. Du hast ihn als Herrscher eingesetzt über das Werk deiner Hände, / hast ihm alles zu Füßen gelegt." *Psalm 8,4-7.*

Wie können bislang Ungläubige nun eine Verbindung zu Gott aufbauen?

Im Glauben geht nichts ohne die persönliche Aneignung. Wenn einem die gottesdienstliche Liturgie fade und hohl erscheint, fehlt es demjenigen zumeist nur an der bewusst zustimmenden Entscheidung - an seinem innerpersonalen Ja zu Jesus - als dem Sinn, Ziel und der Mitte jeder betenden Gemeinde.

Manche überlegen, die Kirche könnte frischer, fröhlicher und weit toleranter sein? Jedoch hat jede Nation auch die entsprechend ihrem durchschnittlichen Entwicklungszustand genau stimmige Politik, und so auch die jeweils entsprechend passenden Glaubensgemeinden! Das göttliche ja hat ER uns schon im Schöpfungsakt erwiesen. ER sehnt sich *unendlich* danach mit uns als seine Kinder liebende Beziehung zu haben, und ER wartet **auf** uns und kennt unsere Sorgen und inneren Nöte.

Zwar können wir Gott nicht sehen oder angreifen, uns Ihn niemals in der Gänze Seiner Majestät vorstellen. Aber wir können zum Beispiel damit beginnen, über Seine äußerst beeindruckenden und phantastisch-großartigen Werke zu staunen. Auch die Vorstellung Seiner Präsenz in uns und in der gesamten, wunderschönen Natur - Seiner Schöpfung insgesamt - ist ein guter Anfang.

Vertrauen, Dankbarkeit und Begeisterung halfen mir, Gottes liebende Anwesenheit zu spüren. Die Suche nach "Erfüllung in Gott" ist mir in persönlichem Geführtsein durch Sein Wort und der Freude an christlicher Gemeinschaft grundgelegt.

Über ihre berührend schönen Loblieder und auch die Schönheit und Ruhe mancher Gotteshäuser kam ich Schritt für Schritt dazu, mit dem unsichtbaren, lebendigen Gott auch direkt zu sprechen. So wagte ich anfangs eine gewisse <u>Gebetsverbundenheit</u> einzuüben. Sie weckte in mir auch die Gewissheit, dass in "einem neuen Himmel und einer neuen Erde" die zukünftige Ablöse des Alten kommen wird.

All dies erwirkte mir, dass ich durch meine Beziehung zu Gott unabhängiger von äußeren Umständen, zufriedener und glücklicher wurde. So bleiben z.B. Ehepaare, die gemeinsam beten, zu 97% ! in treuer Gemeinschaft miteinander verbunden. Was könnte uns wohl wünschenswerter und glückbringender sein, als solche Gemeinschaft zu leben?

In erster Linie kommt es daher auf unsere Beziehung zu unserem Schöpfer an, durch welchen wir ja das Leben haben. Es geht also um unser DU und JA zu IHM, um Seinen Auftrag an uns und um Seine Gebote. Ich bin überzeugt, wenn wir zu Gottes Gesetzen stehen, uns seiner Gnade anvertrauen, dass dann unsere Umwelt und unsere Beziehungen zueinander gänzlich ausheilen.
Es gilt das gängige Vorurteil zu erhellen, dass unsere moderne "Aufgeklärtheit" und die früheren, von Religionen geprägten Werte, unvereinbar wären. Wir Menschen suchen nämlich *zurecht* nach der Einbettung in den größtmöglichen Bezugsrahmen.

Anstrengung, Wissen und Vernunft können uns jedoch nicht die Geborgenheit vermitteln, in die Gott uns einbeziehen möchte! Spruch des Herrn: "Habe ich etwa Wohlgefallen am Tode des Gottlosen? Und nicht vielmehr daran, dass er sich von seinem bösen Wandel bekehrt und am Leben bleibt?" *Hesekiel 18,23*
Die Genesis z.B. hat durchaus schlüssige Erklärungen über die Anfänge unseres DaSeins. Ja, die Bibel übermittelt zu altem Verständnis eher bildhafte Schöpfungszeiträume - dennoch bietet sie uns erstaunliche, zumeist richtig dargestellte Antworten.

Ehrliche Antworten z.B. zu unserer <u>Sterblichkeit</u> fand ich besonders in der Bibel. Sie bietet Lösungen in Not, Armut und Leiden. Sie hat Wege zur rechten Lebensführung und zeigt uns (in Jesu Kreuz und Sieg über den Tot) ein liebevolles, einzigartiges Vorbild. Denn, nehmen wir unsere Sterblichkeit an, so führt sie uns heim - wie nach gutem Schlaf zu einem neuen Tag.

Diese mystische Seite zur Zielerreichung begegnet uns ansatzweise in mancherlei gelebter Religion. Im Ausdruck jeweiliger Tradition gelebten Brauchtums und in ihrer jeweilig vermittelten Gottesdarlegung begegnet uns zumindest auch deren Lebensfreude, die über das sterblich-Sein hinweg hilft. Ihre Strahlkraft und Zusagen gewähren auch im irdischen Leben ein sicheres Geleit.

Besonders ausführlich und unmissverständlich lehrt dies der christliche Weg; denn, bis in unsere letzte, unerträgliche Einsamkeit hinein, ja, an den Höllenabgrund unseres Absterbens hinein, holt ER, JESUS, uns durch sein eben dort anwesendes Warten, ab - um uns in die wahre Heimat beim himmlischen Vater zurück zu bringen. So sind vertrauender Glaube, feste Hoffnung und Annahme Seiner Liebe, die logisch angeratene Antwort zu unserer Endlichkeit.

Jesus sprach: »Ich bin die Auferstehung und das Leben. Wer an mich glaubt, der wird leben, auch wenn er stirbt, und wer da lebt und glaubt an mich, der wird nimmermehr sterben«. *Joh. 11.25; und 1. Joh. 5,12* »Wer den Sohn Gottes hat, der hat das Leben; wer den Sohn Gottes nicht hat, der hat das Leben nicht«.

Nicht der Mensch ist es, der zu Gott geht und Ihm eine ausgleichende Gabe bringt, sondern Gott kommt zum Menschen, um ihm, aus der Initiative seiner Liebesmacht zu geben, und die gestörte Ordnung wieder herzustellen. "Gott hat in Christus die Welt mit sich versöhnt." 2 Kor. 5:19. Doch sprach Jesus weiters auch: "Denn wer sein Leben retten will, der wird es verlieren; wer aber sein Leben verliert um meinetwillen, der wird es gewinnen." *Math. 16:25*

Auf der <u>Metaebene</u> webt ja das Wirken göttlich zeitloser E w i g k e i t. Nichts und niemand kann diese unaussprechliche und immerfort bestehende »Mitte der Ewigkeit« jemals verlassen. Das »Ruhen in Gott« konnte nur Jesus, als einzig gezeugter Sohn Gottes immerzu und bis über seinen irdisch-leiblichen Tod hinaus bewahren, und so auch uns Sein Friedensgeschenk im »neuen Bund« senden.

Für Gott sind 1000 Jahre wie ein Tag. Seine Ewigkeit sprengt einfach jeden Raum und jede Zeitspanne. Ob Amöbe, Blume, Baum, Mensch, Bergmassiv oder unsere Sonne - all diese haben im

Dasein eine subjektiv eigene Lebenszeit.

Hingegen ist einzig Gott jenseits von Alpha & Omega - ER sprach: Lasst uns den Menschen schaffen ... und: Ich bin der ICH BIN DA - IMMER. Die Quelle von allem Schönen, Wahren und Guten ist ER. Sein Sohn und sein Liebesgeist waren vor aller Schöpfung. ER hat uns zuerst geliebt - und Er wartet auf uns vor der Türe unseres Herzens.

Für ein Kind kreist der Sekundenzeiger nur schneckenhaft dahin. Einem Erwachsenen gehen die Minuten gar zu schnell vorüber, doch im Alter dreht sich der Stundenzeiger häufig wie ein Flugzeugpropeller ... da eilt einem scheinbar schon alle Zeit davon.

Kinder brauchen Spiele und Lieder, Charismatisches geziemt besonders der Jugend, Liturgie ist eher was für Erwachsene und das Alter such nach Stille und Einkehr, um in der eigentlichen Heimat anzukommen.

Was trennt uns, die wir gerade noch Leben, von den Verstorbenen?

Was macht Sterben so schwer und trübe? All unser zeitliches Erleben schrumpft dabei scheinbar hin zu einem endgültigen Schlusspunkt. Doch lässt sich dieses Null und Nichts auch zu einem Durchblick - wie durch ein Fernrohr - hin interpretieren? Ganz so, als rollten sich all unsere Erfahrungsfilme zu einer Röhre zusammen? Diese Art metaphysischen Todesvorgangs scheint mir persönlich der Überraschungen unseres diskret liebenden Gottes ähnlich; und ich lasse den so angedachten Prozess als eine Art plausibler Möglichkeit gelten.

ER zieht uns in die Herrlichkeit seiner Überfülle, welche uns in Gemeinschaft mit IHM - ohne Schmerz, Streit, Tot und Tränen - seinen Frieden schenkt. Liebe, Empathie, Vergebung, Toleranz, Geduld und andere heilsame Tugenden sind Guthaben, die uns vor spirituellem Bankrott bewahren können. Durch sie gibt uns die himmlische Bank Reichtum, Weisheit und Schutz vor den Anklagen des gefallenen Luzifer und den Angriffen seiner Armee.

<u>**Zu unserer inneren Atmosphäre:**</u>

Wie schon Eingangs bemerkt, haben uns seit mehr als 200 Jahren manche technische Entwicklungen, die seelenlosen Industrien, die rein monetären und wirtschaftspolitischen Inter-

essen sowie manche bedenkliche Wissenschaftsanwendung in gefährliche Irrgärten verführt.

Seither sind wir Menschen soziologisch eher Selbst-fixiert, und in zeitgeistlichen Trends wie gefangen. Hinzu wissen wir nur wenig über unsere globale Umwelt und über all unsere Geschichten. Auch über die zwar erfolgreichen jedoch hochkomplexen Produktentwicklungen haben wir nur wenig Ahnung. Das rasende Tempo der Neuerungen überrollt uns förmlich. Das macht uns aus Unsicherheit heraus arrogant oder ängstlich und lässt uns unsere ewige Seelennatur vergessen. Das Woher, Wohin und Wozu der Dinge und des eigenen Daseins erscheinen uns nicht mehr schlüssig und lassen uns Wesentliches an Sinn und Auftrag verdrängen.

Menschlich-ethisches aus meiner persönlichen Sicht

Die industrielle Revolution brachte uns - im Vergleich zur ehedem wundersamen Lebensvielfalt - eine erschreckend schnelle Ausdünnung an Arten.

Wo Wasser, Luft und die fruchtbare Erde derart nachteilige Veränderungen erleiden, da ist <u>das gesamte Leben bedroht</u>. Hinzu kommen neue moralische Probleme; z.B. dass stabile zwischenmenschliche Beziehungen und die zu unserem Schöpfer abnehmen. Der Familienerhalt und die Achtung vor dem Leben verlieren somit an Kraft und Terrain - mit all den schwerwiegenden Folgen!

Wenn aber die Menschen ihr innerliches Reich-Sein entdecken, werden sie weniger äußere Güter brauchen. Sie werden das einfachere Leben schätzen, genügsamer sein und mit weniger Dingen und Waren auskommen. Sie werden dieses "einfache Leben" als Befreiung von Gier und Habsucht empfinden und es in Einfachheit bewahren wollen.

Bedenklich empfinde ich auch unsere gängigen Eingriffe in die natürlichen Abläufe von Empfängnis und Geburt. Dieserart „Freiheit und Machbarkeit" kann in ihrer Konsequenz ja nicht unerhebliche psychische Schädigungen herbeiführen. Es scheint mir auch moralisch höchst schwierig; zerstören sie doch (hinzu zum ungeborenen Leben) auch die partnerschaftliche und familiäre Eintracht (z.B. als *PostAbortion-Syndrom* - oder per Leihmutterschaft, gleich in zwei Familien).   I

Abtreibung ist <u>laut WHO</u> die weltweit <u>häufigste Todesursache!</u> Jede Krankheit, Unfälle und gar Kriege rangieren nach ihr!

Weiters wäre erforderlich, unterstützende Maßnahmen zum <u>Mutter- und Lebensschutz</u> zu setzen! Alleinerzieher:innen sollten - als Lastausgleich ihrer Leistungen und Pflichten an ihrem/ihren Kind/ern - <u>Vollzeitlohn</u> bei täglich sechs Arbeitsstunden (bzw. Zeit-reduziert auf drei Stunden im Halbtagsbereich) erhalten.

Auch hierbei lässt sich der Irrtum unseres gefährlichen Wettkampfdenkens in die ethisch- und praktisch fruchtbaren Leistungen einer <u>Solidargemeinschaft</u> umwandeln.

Bezüglich heutzutage praktizierter <u>Kindererziehung</u> ortet *Heinz Etter* von der Fachstelle für Vertrauenspädagogik - eine häufig allzu freie "Verziehung", in der Form, dass ausschließlich das was den Kleinen gefällt, schmeckt und gerademal passt, sein soll.

Dadurch erhalten wir nörgelnde und letztlich realitätsfremde Jugendliche. Fehlende Autorität verhindert den natürlichen Wunsch nach gesunder hierarchischer Bindung, welche in ihrem Gehorsam auch eine heimische Sicherheit vermitteln soll. Doch wenn wir mit den Worten verständnisvoll sind, das Herz aber voller Anklagen ist, bleiben Kinder und Eltern verzweifelt zurück. Spielen Eltern nicht diese wichtige Rolle, dann *müssen* die Kinder beginnen *uns* zu diktieren, und sagen letztlich *uns* wo es langgehen soll.

===============

Meine Vorwürfe auf Weltenlage und Personengruppen tragen den Geruch einer Anklage und

Schuldzuweisung. Und, ich zeige mit dem Finger auf jemanden; so weisen doch zugleich drei meiner Finger selber Hand auf mich selbst zurück - (deren Reflektion folgt noch in der Vita "Über mich").

==============

Alle Kulturen die Gott missachteten, erfuhren nach wenigen Generationen ihre gravierenden Schwachstellen. Einfach weil in ihren Familien und ihrem Gemeinwesen die gute, von Ihm gesegnete Atmosphäre abnahm, sie durch ihre Lossagung von Ihm erkalteten und geistlich tot wurden.

Heute sind es vor allem in die Irre führende spirituelle Vorstellungen, die allgegenwärtige Propagierung der Werte einer ICH-lastigen Gesellschaft und deren übertriebener Fortschritts-glaube, welche die Menschen von Gott wegführen.

Doch auch religiöse Menschen und deren Gebetszentren tragen heute Verantwortung im Sinne eines "aktiven Schöpfungserhalts". Daher sollten auch Gläubige jeden negativen Technikge-brauch wahrnehmen und im Sinne dieser Verantwortung, für dessen Änderung eintreten.

==============

Für Wissenschaftsaffine lasse ich den großen Mathematiker des 12. Jhd., _Leonardi Fabionacci_ zu Wort kommen:

Mathematische Überraschungen in der Natur

Die "**Goldene Zahl**" hat zig einzigartige Eigenschaften wie sonst keine andere Zahl und so verwundert es auch nicht, dass sie in der Schöpfung eine bedeutende Rolle spielt. Zunächst aber kurz ein paar mathematische Grundlagen: Die Goldene Zahl besitzt unendlich viele Nachkommastellen und wird mit dem griechischen Buchstaben Φ (Phi) bezeichnet. Sie beginnt mit 1,618033. Phi ist die Zahl des Goldenen Winkels Psi Den Vollkreis von 360° nach dem Verhältnis des Goldenen Schnittes geteilt, ergibt den sogenannten Goldenen Winkel Ψ (Psi) von 137,5°. Phi ist die Zahl der Goldenen Spirale.

Fügt man an ein Quadrat (1) ein weiteres gleiches Quadrat (1), sodass nun die Gesamtstrecke der Außenkanten als Grundlage für ein neues Quadrat (2) dient, ergibt sich ein Rechteck ... Phi und die Fibonacci-Zahlen. Die Fibonacci-Folge kann jeder ganz einfach selbst bilden: Sie beginnt mit der Zahl Eins und jede weitere Zahl ergibt sich aus der Summe der beiden Vor-

gängerzahlen: 1, 1, 2, 3, 5, 8, 13, 21, 34, 55, 89, 144, 233 usw. Was für eine Rolle haben jetzt diese Zahlenspielereien in der belebten Natur?   I

<u>**Blüten**</u>

Die Anzahl der Blütenblätter bei den meisten Pflanzen ist eine Fibonacci-Zahl (3, 5 oder 8). In

der Schöpfung finden wir aber auch sehr viele Blüten, die nach dem Muster des regelmäßigen Fünfecks konstruiert sind. Das heißt also, in allen Blüten kommt der Goldene Schnitt vor mit dieser einmaligen Zahl Φ und zwar sehr exakt. Woher weiß das aber die Pflanze? All diese Information ist im Erbgut, also in den DNA-Molekülen gespeichert. In diesem mikroskopisch kleinen Material liegt in der höchsten uns bekannten Speicherdichte die ganze Geometrie der Blüte drin.

<u>**Die Goldene Spirale**</u>

Es ist auffällig, dass die Goldene Spirale in der Schöpfung sehr häufig vorkommt. So hat das schneckenförmige Kalkgehäuse des Nautilus annähernd die Steigung der Goldenen Spirale. Hinzu kommt noch, dass diese Spirale räumlich ist. Überall findet sich diese Goldene Spirale wieder: Beispielsweise bei Schnecken, bei Farnen, beim menschlichen Ohr, in Hurrikans und sogar in Galaxien. Wir sehen also, der Schöpfer konstruiert nach dem Prinzip der Goldenen Spirale.

<u>**Die Sonnenblume**</u>

Die Verteilung der Kerne im Korb der Sonnenblume ist nicht etwa zufällig, sondern mathematisch exakt versetzt um je 137,5°. Wie oben gelesen, ist dies genau die Gradzahl des Goldenen Winkels, der auch wieder auf die schöne Zahl des Goldenen Schnittes (1,618033...) zurückgeht.

Dass dieser Winkel von 137,5° wirklich der beste Versetzungswinkel für die Anzahl der im Korb befindlichen Sonnenblumenkerne. Nur 1° Abweichung wäre eine Katastrophe für Sonnenblumen. So ist in absolut jedem Sonnenblumenkern der Goldene Schnitt einprogrammiert und sie geben diese wert- und sinnvolle Zahl von Generation zu Generation weiter.

Dieses Prinzip gilt aber nicht nur für Sonnenblumen, sondern beispielsweise auch bei Gänseblümchen, bei Tannenzapfen, beim Romanesco, in den Bienenwaben, bei der Ananas ... Überall finden wir links- und rechtsdrehende Spiralen. Sogar in der Astrophysik weist es noch gewisse Gültigkeiten auf.

<u>Schlussfolgernd</u> erkennt man, alles ist bis auf das Feinste konstruiert, es ist nichts zufällig. Es gibt nichts, das irgendwie mal gerade so geworden ist, vielmehr ist alles mathematisch präzise geplant. So gesehen benötigt ein Atheist bei all den Wundern in der Schöpfung einen deutlich größeren Glauben an das Prinzip Zufall, als jemand der an intelligente Planung glaubt.

Die Eingangs gestellte Frage: **IST EINE ENKELGERECHTE ZUKUNFT NOCH ERWARTBAR?** ... kann, unter der Prämisse der Weiterreichung religiöser Werte und Inhalte an unsere Kinder und Kindeskinder, mit einem klaren **Ja** beantwortet werden.

Diese Haltung setzt der heutigen Angst und Verwirrung eine ganz besondere Gewissheit - nämlich die Fähigkeit, zuerst auf Gott zu vertrauen – entgegen. Leider scheint dies noch vielen eine Torheit zu sein. Dennoch, diese Ära lässt sich - in der nahenden Wiederkunft unseres Herren - als eine überaus positive Zeit, ohne Leid, Streit und Tod, erwarten.   :-)

In der natürlichen Fauna gibt es keine genial, kunstvoll gewebten Netze, welche nicht von jeweils einer speziellen Art von Spinnen bewohnt wird. Die Netze dienen rein dem einen Zweck, die sich in ihnen verstrickten Opfertiere, ob tot oder lebendig, auszusaugen.
So ähnlich ist es auch im hochgelobten und allseits beliebten Internet. Nur allzu leicht verstricken wir uns in dieses Netzwerk, das zugleich ja auch ein zweckdienliches Hilfsmittel sein kann. Doch schweifen wir zu leicht und oft ab vom dienlich Nützlichen, so werden zum Bediener vielerlei kleiner und zuweilen harter Süchte. Die Leidenschaft zu lockerer Spielsucht, Einkaufswut, Darknet oder fleißigem Pornokonsum hat leider schon sehr viele um das Glück einfacher Lebensfreude gebracht!

Die nutznießenden "Spinnen" im *world-wide-web* sind ein Heer kleiner und größerer, oft anonymer Interessen. Und die vielen, langzeitig unbedachten Surfer im modernen, algorithmisch informierten Web beflügeln diesen www-Oktopus, uns Daten zu unseren persönlichen Neigungen zuzuspielen. Dies bewirkt offensichtlich nicht nur mehr monetäre Gewinne, sondern führt bereits in breiten Bevölkerungsschichten zu deren seelisch geschwächten und manipulierbaren Gesamtbefindlichkeit!
Unzweifelhaft wurde www auch ein zusätzlicher Beschleuniger zu unserer ohnehin hektischen Lebensweise. Hinzu hat es wohl etwa 1/3 der von Menschen bedienten Arbeitsplätzen unwiderruflich vernichtet, ausradiert - und hat zu einer nicht unwesentlichen Erhöhung unseres ohnehin zu großen Energieverbrauchs geführt!

Mit den Handys ist es ähnlich : sie sind die überall hin mitnehmbaren »Einsammacher« und wahre Kommunikationsblocker - man sehe nur wie versenkt ihre Benützer darin Dinge suchen, die es eigentlich nur im nüchternen, wahren und wahrhaftig schönen Leben zu erleben gibt.

<u>**Was spricht heute für einen gelebten Glaubensvollzug in der heimischen Glaubensgemeinschaft?**</u>

° ihr Ritus vermittelt mir im Alltag Erinnerung, Beziehung und Vertrauen zum Spender allen Lebens

° ihre Haltung zu Leben, Familie und Schöpfungsbewahrung empfinde ich als stimmig

° im Geschenk des Abendmahls erfahre ich Reinheit, Halt und seine treue Bindung

° ihre Liturgie und ihr Lobgesang vermitteln Andacht, Wahrheit, Schönheit

° Kirche geht zurück auf ihren Gründer Jesus und seines Vaters Auftrag

° ihre Gemeinschaft schafft gute Werke und weltweite Förderungen

° ihr Himmel ist allen guten Willens offen und verwirft niemanden

° sie spendet Ruhe, Weite und Perspektive für unser Dasein

° sie ist aus Wort und Geist - trotz mancher Schwächen !

° ihr vertraue ich meine Fehler und Schwächen an ...

° von ihr kann ich letzte Ölung erhalten ...

° sie vereint uns jetzt, und im Zuletzt.

========

Zwischen Mensch und Himmel liegt die Zeit – doch in jeder Gebetszeit vereinen sie sich.

========

FASZINATION KIRCHE

Der russische Literaturnobelpreisträger *Alexander Solschenizyn* sagte einmal: "Die Menschen haben Gott vergessen, und das ist der Grund für die Probleme der Gegenwart. Wir werden keine Lösungen finden ohne die Umkehr des Menschen zum Schöpfer aller Dinge."

Mit mir fühlen sehr wohl viele, dass die Zeit der mystisch umschriebenen *Apokalypse* bereits voll angebrochen ist. Doch Gott versichert uns: "Ich mache alles neu". Von daher sollen und dürfen wir Ausdauer und Geduld mit aller Welt und auch mit uns selbst aufbringen.

Noch streben viele nach materiell Höherem und stecken in einer Art Konsumverliebtheit. Doch die guten Willens sind, haben mit ihrem Glauben schon hier und jetzt die lebendige Vorfreuden, durch welche sie über das Gewöhnliche und Sterbliche hinaus, wie getragen sind.

Mit unserem Altwerden fühlen die meisten ein diffuses, mulmiges Alleinsein. So schwer Ab/scheiden sein mag - wird jedoch das »All-ein-sein« von einem guten, richtigen Annehmen begleitet, so macht es uns für das nahende Ende bereit, konkret und uns aufs verheißungsvolle Danach gänzlich vertrauend ausgerichtet.

Altwerden, wie auch früh sterben ist unter Umständen doch mehr etwas für Mutige, oder dasjenige, was einem vertrauensvoll zu Jesus hin Orientierten Menschen leichter ankommt. Dann, wenn das "Abdank-Problem" nach und nach mit persönlichen Erfahrungen von Vor-freude- und den Gedanken zu einer glücklich endenden Zielerreichung verbunden wurde ...

Aus meiner eigenen Erfahrung lehrt uns Not beten - und auch durch ein rechtes Gewissen lässt sich das alte Handeln in gute Taten umkehren. Dann kam EINER! Sein Name lautet <u>Jesus</u> - das heißt Retter. Er lehrte uns und lehrt uns auch heute - wir brauchen einander, und wir brauchen die Loslösung vom allzu-persönlichen, einengenden ICH und die Befreiung von kollektiver und eigener Schuldansammlung. Beide Befreiungen kann uns Christus gewähren. ER bewirkte sie durch seine, für uns unter unsäglichen Schmerzen erwirkte, Liebestat am Kreuz.

109

Dadurch will und wird uns Gott, unser aller Vater "einen neuen Himmel und eine neue Erde bereiten". Sein Wissen, Sein Plan und Seine gnadenspendenden Zusagen sind für uns Gläubige zentral und entscheidend!

<u>Global</u> führt uns u.a. die fehlende Artenvielfalt schon heute zu prekären Versorgungseinbrüchen in der Ernährung. Auch vermindert sich uns zusehends die gute Luft, das saubere, ausreichende Wasser; somit sinkt allgemein die Lebensqualität in einem erschreckenden, rasanten Tempo.

Eigentlich müsste diese allemal begrenzte Welt - trotz all unserer Anstrengungen - bereits 100mal rettungslos verloren sein!?

Jesus sagt uns: "Wer unter euch ohne Sünde ist, werfe den ersten Stein auf sie". Ganz ohne Schuldzuweisung und im Vollrespekt zu anderen Kulturen und Religionen - wir sind auf ein Wir und das Miteinander gestellt und angewiesen! Wir kommen da nur gemeinsam durch - und sollen und dürfen auch gemeinsam beten – um das einende Licht am Ende des Tunnel.

Wer dem "Allguten" zugewandt lebt, findet seinen leichten Tod und seine letztliche Heimkehr. Für Christen eben über den Versöhner - Gottes Sohn.

Bezüglich der vielen Konfessionen denke ich an das Jesuswort in *Markus 9,40*: "Wer nicht gegen uns ist, ist für uns". Und bezüglich manch kirchlicher Missstände - haben nicht alle Groß-strukturen typische Machtprobleme? Sind nicht auch UNO, NATO, EU, Staaten und auch Familien von unter Umständen schrägem Umgang mit Macht betroffen? Kirche war immerzu zwischen "heilig und unheilig", dennoch gestiftet zu unserer Bekehrung, und offen für Sünder.

Josef Ratzinger schrieb: "Die Heiligkeit der Kirche besteht in jener Macht der Heiligung, die Gott in Ihr trotz der menschlichen Sündigkeit ausübt. Im neuen Bund hat uns Gott durch Christus, auch gegen die Treulosigkeit von uns Menschen, sein uns immer wieder Gut sein aus seiner Liebe heraus geschenkt. Es ist die Heiligkeit des Herrn die anwesend wird unter den Menschen. Er hat sich zur vollendeten Schicksalsgemeinschaft mit uns hingegeben. Dies feiert die Kirche und weiß um seine Vergebungsmächtigkeit".

Und _Papst Franziskus_ fordert uns - als höchst an der Zeit - auf, "zu einer universellen Anerkennung aller Religionen zu kommen". Nicht zuletzt, um Friedensstiftungen in dieser friedlosen, unruhigen Welt zu fördern.
Nur durch Toleranz und Mitgefühl können wir als >eine Weltgemeinschaft< voran kommen. Möge dies in jedem Tag unseres Lebens - unter allgemeinem Respekt zu allen Menschen und in Treue zum eigenen Glauben - gut gelingen!
Denn, die Liebe währt ewig, und sie kommt - im Glauben und der Hoffnung auf den himmlischen Beistand - zur rechten Zeit.

Auch wenn Himmel, Hölle und Fegefeuer weder Orte noch zeitliche Begriffe abbilden würden* - eine innerseelische Realität stellen sie allemal dar. Mit einfachem Vertrauen und täglich neuem Versuch zur Nachfolge wurde auch mein Joch leicht. Und wenn der kalte, angstmachende Hauch des Todes meine Lebenstage einzeln - wie die Seiten eines Buches - zurückblättern wird, muss ich nicht ganz allein und einsam meiner Sündensumme Rechnung tragen. Jesu Liebe hat für alle Schuld bereits bezahlt und ruft "komm"... seine Ewigkeit umfasst und übersteigt mein Zeitliches und meine jetzige räumliche Gebundenheit.

Josef Ratzinger beschrieb dies so: "Unsterblichkeit ist Auferweckung; das heißt, Unsterblichkeit ergibt sich nicht einfach aus der Selbstverständlichkeit des Nicht-sterben-könnens des Unteilbaren, sondern aus der rettenden Tat des Liebenden, der die Macht dazu hat: Der Mensch kann deshalb nicht mehr total untergehen, weil er von Gott gekannt und geliebt ist. Wenn alles Leben und alle Liebe Ewigkeit will - Gottes Liebe will sie nicht nur, sondern wirkt und ist sie."

... Weiters: "Das Unterscheidende des Menschen ist, von oben gesehen, sein Angesprochen sein von Gott als Dialogpartner, als von Gott gerufenes Wesen. Von unten gesehen bedeutet das, dass der Mensch jenes Wesen ist, das Gott denken kann, das auf Transzendenz geöffnet ist." ... und weiter: "Wenn der Kosmos Geschichte ist und wenn die Materie einen Moment an der Geschichte des Geistes darstellt, dann gibt es nicht ein ewiges neutrales Nebeneinander von

Materie und Geist, sondern eine letzte >Komplexität<, in der die Welt ihr Omega und ihre Einheit findet." ... "Dann gibt es einen »Jüngsten Tag«, in dem das Geschick der Einzelmenschen voll wird, weil das Geschick der Menschheit erfüllt ist." und "Es gibt eine Erlösung der Welt - das ist die Zuversicht, die den Christen trägt und die es ihm auch heute noch lohnend macht, ein Christ zu sein."

Wäre uns nur diese lebenstragende Erde gegeben, so wäre uns auch nur das Erbe an deren ständigen Verwesung von Abgestorbenem verbleibend. Dieserart Armut wäre in ihrer Unvollkommenheit eine Empörung und Unrecht; nur zu 100 % überzeugte Atheisten meinen mit solcher Art eines rein zufällig entstandenem Schicksaals allen Lebens ausreichend Existieren zu können.

"Die Hölle" so beschrieb der kürzlich verstorbene *Pabst Benedikt* "lenkt unseren Blick in die Tiefe menschlichen Todesgrundes, als nicht kosmographische Zone von liebloser Einsamkeit; so, wie Himmelfahrt, die seit Jesus uns eröffnete Möglichkeit darstellt, wieder Geschöpf-sein mit unserem Abba-Schöpfer zu erhalten." 1963 beschrieb *Josef Ratzinger* in seinen Aufsätzen zum Glaubensbekenntnis ... "die Ewigkeit - nicht etwa als beziehungslos neben der Zeit stehend - sondern als die schöperisch tragende Macht aller Zeit, die die vorübergehende Zeit in ihrer Gegenwart umspannt und ihr so das Sein-können gibt. Sie ist nicht Zeitlosigkeit, sondern Gottes ewige Zeitmächtigkeit".

Am Anfang der Welt herrschte nicht Chaos, sondern das Schöpfungswort Gottes, geprägt von Sinn, Vernunft und Ordnungswillen. Denn, was ließ den Urknall knallen? Was Raum&Zeit und die Elemente entstehen? Auf unsere Sterblichkeit und unsere Herkunft gibt all die kluge und erfolgreich exakte Wissenschaft ja kaum sinnvolle und Ruhe vermittelnde Antworten. Ohne Willen, Information, vollkommene Weisheit, höchste Liebe, Gottes Allmacht bzw. absoluter Wahrheit kann diese planvolle Lebensentfaltung niemals den langen Weg in die vollprächtige Erscheinung angetreten haben! Daher, aus nix wird nix – Leben kommt vom „Lebendigen". Davon sollten wir uns doch nicht abkoppeln wollen!

Die Welt ist Gottes Eigentum, doch wir tun so, als gehöre alles uns selber. So tun wir uns jedoch schwer, das Leben an sich wertzuschätzen und uns entsprechend einzuordnen. Im modernen Westen ist das religiöse Basiswissen leider seit Generationen wie weggeschmolzen. Die Folgen davon zeigen sich im so noch nie dagewesenen Problemgemenge.

In CHRIST IN DER ZEIT meint *Johannes Röser* in seinem Buch: Auf der Spur des unbekannten Gottes - "Es scheint, es wäre besser wenn der Homo sapiens nie ins Dasein getreten wäre. Er produziert ja maßlosen Ressourcenverbrauch, Luftverschmutzung, Artensterben, Plastikmüll etc.. Welch ein Kontrast dazu die Lebenslust des Menschen! Trotz allen Übels, richtet er sich immer wieder auf an der Freude, dass überhaupt etwas ist und nicht vielmehr nichts. Dass wir in der sexuellen Liebespolarität von Mann und Frau fruchtbar sind, um Leben zu zeugen und die Freude an Nachkommen weitergeben. Die apokalyptischen Anwandlungen des Anthropozän können die weltliche Schöpfungslust nicht auslöschen; ist sie doch auch mit den ersten Seiten der Bibel - Gottes evolutiver Schöpferlust - verbunden.

DU hast ihn nur wenig geringer gemacht als Gott, hast ihn mit Herrlichkeit und Ehre gekrönt." Und weiter: "Kein anderes Wesen ist derart geistbegabt wie der Mensch. Seine rationale wie emotionale Intelligenz - seine Entwicklungsfähigkeit hat die Menschheit mit Erfindungsreichtum inspiriert, um das Leben zu verbessern, Unheil in Heil zu wandeln, bis zur Forschung an den Grenzen des Denk- und Verstehbaren - ist erstaunlich. Der Reichtum an Kunst, Literatur, Musik, Architektur, Philosophie, ermöglicht auch eine fortschreitende Gotteserkenntnis".
Denn so hat Gott die Welt geliebt, dass er seinen eingeborenen Sohn gab, damit alle die an ihn glauben, nicht verloren werden, sondern das ewige Leben haben. *Johannes 3:16*

Papst Franziskus schreibt 2015 in seiner <u>Enzyklika Laudato si´</u> warnend:

"Der Export einiger Rohstoffe, um die Märkte im industrialisierten Norden zu befriedigen, hat örtliche Schäden verursacht, wie die Quecksilbervergiftung in den Goldminen oder die Vergiftung mit Schwefeldioxid im Bergbau zur Kupfergewinnung. Besonders muss man der Tatsache Rechnung tragen, dass der Umweltbereich des gesamten Planeten zur "Entsorgung" gasförmiger Abfälle gebraucht wird, die sich im Laufe von zwei Jahrhunderten angesammelt und eine Situation geschaffen haben, die nunmehr alle Länder der Welt in Mitleidenschaft ziehen ...

Die Erwärmung, die durch den enormen Konsum einiger reicher Länder verursacht wird, hat besonders in den ärmsten Zonen der Erde verheerende Folgen, wo der Temperaturanstieg vereint mit der Dürre die Ackerbauerträge ausfallen lässt ...   Wir stellen fest, dass es häufig multinationale Unternehmungen sind, die dort so handeln und tun, was ihnen in den entwickelten Ländern bzw. in der sogenannten Ersten Welt nicht erlaubt ist ...

Im Allgemeinen bleiben bei der Einstellung ihrer Aktivitäten und ihrem Rückzug große Schäden und Schulden gegenüber Mensch und Umwelt zurück wie Arbeitslosigkeit, Dörfer ohne Leben, Erschöpfung einiger natürlicher Reserven, Entwaldung, Verarmung der örtlichen Landwirtschaft und Viehzucht, Krater, verseuchte Flüsse und einige wenige soziale Werke, die nicht mehr unterhalten werden können ...

Die Auslandsverschuldung der armen Länder ist zu einem Kontrollinstrument geworden. Das Gleiche gilt aber nicht für unsere hinterlassene ökologische Schuld" ... und; "Das technokratische Paradigma tendiert auch dazu, die Wirtschaft und die Politik zu beherrschen. Die Wirtschaft nimmt jede technologische Entwicklung in Hinblick auf den Ertrag an, ohne auf mögliche negative Auswirkungen auf den Menschen zu achten. Die Finanzen ersticken die Realwirtschaft...

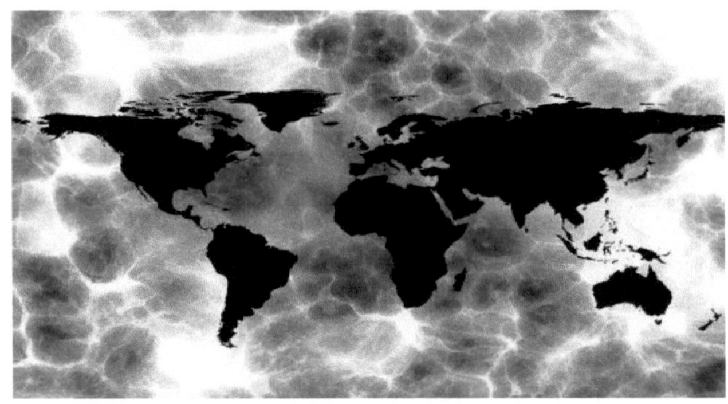

Man meint, die Probleme des Hungers und das Elend in der Welt lösen sich samt allen Umweltproblemen mit dem Wachstum des Marktes auf. Der Markt von sich aus gewährleistet aber nicht die ganzheitliche Entwicklung des Menschen und die soziale Inklusion. ...

Es ist jedoch möglich, den Blick wieder zu weiten. Die menschliche Freiheit ist in der Lage, die Technik zu beschränken, sie zu lenken und in den Dienst einer anderen Art des Fortschritts zu stellen, der gesünder, menschlicher, sozialer und ganzheitlicher ist, als der unter dem technokratischen Paradigma. ...

Niemand verlangt, in die Zeit der Höhlenmenschen zurückzukehren, es ist aber unerlässlich, einen kleineren Gang einzulegen, um die Wirklichkeit auf andere Weise zu betrachten, die positiven und nachhaltigen Fortschritte zu sammeln und zugleich die Werte und die großen Ziele wiederzugewinnen, die hemmungslos vernichtet wurden" ... so der Papst.

Früher garantierte Wachstum unseren Wohlstand. Heute steht Wachstum auch für Umwelt-

zerstörung, Armut und Ausbeutung.
Wie können wir die Schöpfung erhalten und ihre Früchte gerechter verteilen?

https://de.wikipedia.org/wiki/Allgemeine_Erklärung_der_Menschenpflichten

____

==========

K r i s e n   ü b e r w i n d e n

...   willkommen   zu:
E N K E L G E R E C H T I G K E I T in F A M I L I E & G E S E L L S C H A F T

Um Krisen zu überwinden braucht es zur konkreten Wahrnehmung hinzu sie anzuerkennen
und auszuhalten. Erst danach können sich uns neue, richtungsweisende Einsichten zu trag-
möglichen und auch realistischen Lösungen eröffnen.
Bei äußeren Krisen wie z.B. Krieg, Klimawandel, Erdbeben oder Pandemie hilft oftmals auch
Sein mildes, eingreifendes Walten bei unserem gnädigen Herrgott zu erflehen. Jedoch sind
bloßes Nichtstun oder Verzweifeln gar keine guten Optionen!

Als "enkelgerecht" ersehe ich heute vor allem: »unsere Kinder nicht um Gott betrügen«! Sie
fordern uns sehr wohl - gerade im Bezug zu Glauben, Leiden, Religion, und zur Frage »was ist
der Tod und was bleibt«< heraus. Falls wir dazu unsere eigenes Gottesbild nur unklar und
nebulös gehalten haben, sollten wir uns diesen nicht nur unseren Kindern wichtigen Fragen
endlich auch selber stellen. Daher sollten wir bezüglich Kinder, Familie und zum persönlichen
Wohlergehen, Gott zukünftig nicht länger wegdenken und uns somit absondern.

<u>Hierzu drei kleine Wörtchen</u> - drei innere Haltungen - welche in Gemeinschaft, Ehe, Arbeit
(und hinzu, in unserer Beziehung zu Gott) *allemal* dienlich sind: Danke - Bitte und Verzeih
mir.

<u>Wir Menschen fallen nur allzuleicht auf unsere angesammelten Halbwahrheiten herein.</u>

So gefällt uns z.B. die Fiktion, dass ein Flügelschlag eines Schmetterlings anderswo einen
Orkan auslöst. Oder, dass man sich nach einem Traum, ein Schmetterling zu sein, beim
Erwachen fragt, ob ich nicht ein Schmetterling sei, der träumte ein Mensch zu sein.

Derlei Annahmen lassen sich bei näherer Analyse jedoch leicht durchschauen. Im Rückschluss
wären alle Orkane von flügelschlagenden Schmetterlingen ausgelöst. Auch würde der Schmetterling beim Erwachen aus parallelem Traum erleichtert feststellen, dass er keine Mensch ist.

So lenkt auch die Frage "was war vorher, die Henne oder das Ei?" ab, von der natürlichen und
stimmigen Antwort » „der Same des Hahnes!"

Die Summe der vielen halb-wahren und unreflektierten Annahmen bewirkt, dass wir umso leichter die reale Existenz eines Schöpfergottes negieren. Alleine schon deshalb, weil wir diesen ja nicht sehen können - und wohl auch weil wir meinen, ohne Gott freier und leichter nach eigener Fasson zu leben.

Hierin liegt aber zugleich die Wurzel aller Esoterik, fragwürdiger Ideen und manch übernommener "Wissenschaftserkenntnis", welche wir aus Unsicherheit und Angst heraus glauben, stützen und unterhalten. Solcher Art Konzepte können innerlich zwar nicht wirklich voll angenommen werden, jedoch bilden sie in Summe ihre Klebrigkeit, die uns wegen unreflektiertem Handeln, Denken und Fühlen behindern und so in einer hoch wirksamen Unfreiheit und in intensiver Unwissenheit belassen.

Dies heißt nun nicht, dass die wohl gesicherten naturwissenschaftlichen Erkenntnisse über Urknall, Kosmos, Elementarreihe, Mikroevolution, Zellbiologie etc. zur Gänze falsch lägen. Dennoch fehlt bei all diesen Thesen - welche ja immer auf reiner Ratio basieren müssen - die ursächlichste Voraussetzung als *eine* Information, *eine* Inspiration und *ein Wille*!

============

=====

<u>**Altes   Leben   -   ganz   neu**</u>

 Zur Wende unseres Millenniums hatte ein völlig ausgebrannter Althippie den absoluten Tiefpunkt seines verlotterten, im 68er Zeitgeist und Esoterik verstrickten Lebens erreicht. Eine Depression knechtete ihn bereits sieben Jahre, als der bereits 56-jährige im schmuddeligen Bett seiner abgewohnten Grazer Bleibe das Buch "Die Hütte - Ein Wochenende mit Gott" von *William Paul Young* las. Tief berührt vom Thema und dem dramatischen Inhalt des Buchs, schrie er damals flehentlich nach dem Gott seiner noch unschuldigen Kindheit, bis er erschöpft in einer sonderbaren Traumwelt versank. Am nächsten Morgen hatte er das Bedürfnis, den Tag mit einer Dusche zu beginnen und diesen Tag - nach gottfernen Jahrzehnten - mit einem Gottesdienstbesuch fortzusetzen ...

Seither blieb er bei diesen sonntäglichen Messfeierbesuchen, da sie ihm merklich gut taten. Er

118

beschloss, seine Blickrichtung fest dem sonnengleichen Licht seines Herrn und Retters zuzuwenden. Damit versanken nach und nach selbst die dunkelsten Schatten seiner Vergangenheit in das tiefe Meer ihrer Unwirksamkeit, und so ging es bergauf mit ihm. Jahre später lernte er durch ein christliches Partnerschaftsportal seine zukünftige Frau kennen. Sie trafen sich damals, 2011, in einem rumänischen Waisenheim, wo er als Ferialpraktikant aushalf. Zusammen beteten sie täglich, und übers Jahr stand er mit ihr am Traualtar ...

Schon 2002 begann er, jeweils nächtliche, buchstäblich erträumte Erfindungen aufzuschreiben. Dazu kaufte er sich sogar seinen ersten Laptop und begann mit holpriger Homepage den Versuch, diese technisch fossilstofffreien Ansätze an Firmen heranzutragen. Denn schon im Jahr zuvor entstand das Konzept einer solarbetriebenen, dual-pneumatischen Großrohrpost für Personen und Güter, ähnlich dem Maglev-System „Hyperloop", welches der renommierte *Elon Musk* ab 2012 zu propagieren begann ...

Als Autor - und zugleich eingangs beschriebener Protagonist - trieben mich zeitlebens die Fragen nach Sinn und Auftrag unseres irdischen Lebens. Die gefundenen Lösungen erstaunen mich heute selber; ich fand heraus, welche technischen- und besonders welche geistlichen Lösungen eine Enkelgerechte Gesellschaft braucht, und welche Gegenspieler diese Ansätze bislang verhindern ...

<u>Offen bleibt</u> bis heute, ob Firmen den eine oder andere Produktvorschlag auf den Markt bringen. Werden unsere Enkel schon Gebrauch davon haben? Meine technischen Ansätze (im Teil 2.0) wollen anregen und könnten Zuversicht geben, in Zeiten wo eine No-Future-Einstellung berechtigt erscheint. Ich will aber auch aufzeigen, wo unsere Chancen liegen; mit Hinweisen konkret dass Anbieten, was unseren Hoffnungen den rechten innerseelischen Halt schenken kann (Teil 3.0). Mögest auch Du - geschätzter Leser - darin Neues, Spannendes und ja, das Leben selbst entdecken.

= = = = = = = = =

Um uns aus einer angeboren tiefsitzenden Einsamkeit herauszuführen, sind seit Alters her Ritus, Wort, Sakramente, Priesteramt und kirchliche Gemeinschaften - wie auch der familiäre Zusammenhalt - hilfreich. Für Christen ist ihre bereits 2000 Jahre bestehende Vermittlung zu religiöser Innerlichkeit - in und durch Jesus - gestiftet. Er sprach: "Wenn ich von der Erde erhöht sein werde, werde ich alle an mich ziehen". *Joh. 12,32.*

Besonders anziehend wie auch stimmig empfinde ich im „Katholischen" dass Jesu Mutter »Maria« und sein Ziehvater »Josef« - wie auch alle heiligen Märtyrer – ihre entsprechende Verehrung genießen. Jesu heilige Mutter Maria vermittelt uns die reine Liebe Gottes » seinen heiligen Geist. Und so ist sie ja doch auch unsere Mutter und Bewahrerin unseres Glaubens.

119

Christus bereitete uns also vor, und wurde uns Weg, Ziel, Wahrheit und Licht – bis hin zur Innerlichkeit reinen Verweilens im Schoß Gottes - unserem liebevollen Schöpfer und Urvater.

Als <u>Mitteleuropäer</u> denke bzw. erlebe ich unseren Schöpfer als drei/eine Person in kreativer Liebe, Freiheit, Wahrheit und Schönheit. ER umfasst das Größte und wohnt noch im Kleinsten. ER spendet Leben, ist treu und steht fest. Über allem ist ER, und ist doch ganz bei jedem von uns. ER wohnt im Licht und bleibt uns unbegreiflich - doch ER hört uns und gibt Antwort. ER will, dass wir in Beziehung zu IHM stehen.

Alles Ableitbare lässt sich auf die ursächlichste Ursache - auf den lebendigen Schöpfer hin - suchen, finden und beantworten. ER begründete und erhält alles. Ja, ER begleitet und erträgt auch der Menschheit Geschichte und jedwedes Einzelschicksal. Und wir dürfen Gott mit DU und ABBA anrufen, und IHM für alles in unserem Leben einfach Danksagen.

=========

Der renommierte Begründer der Hagiotherapie, *Tomislav Ivancic*, fragt: **Weiß das Kind im Mutterleib, dass es eine Mutter hat?**

Er bietet dazu im folgenden Ansatz einen anschaulichen Vergleich: "Das menschliche Leben gleicht dem Lauf eines Flusses. Im Augenblick der Zeugung entspringt der Mensch wie aus einer unsichtbaren Quelle, wächst neun Monate lang heran, um durch einen Engpass wie ein Fluss zwischen Felswänden in die Welt zu strömen.

Aber dann wächst er wieder, als flösse er von Jahr zu Jahr auf dieser Erde weiter, um schließlich durch den Engpass des Todes in den Ozean der Ewigkeit zu münden. Mit anderen Worten, der Mensch durchlebt verschiedene Welten, während er ins Finale des Lebens eintritt.

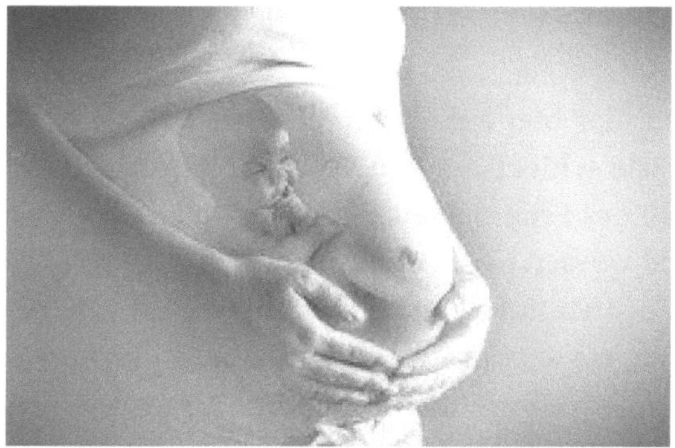

Zuerst lebt er in der Welt des Leibes seiner Mutter. Dort wächst er vom kleinen, winzigen Embryo zum ausgewachsenen Säugling von neun Monaten. Danach verlässt er die Welt des Mutterleibes, stirbt ab für jene Welt und wird in die Welt des "irdischen Leibes" geboren.

Wenn er für die Welt des Mutterleibes zu alt wird, kann er dort nicht mehr leben und muss hinaus, als wenn er sterben müsste. Aber in jenem Augenblick beginnt er unter uns zu leben, winzig und klein, ohne eigenes Bewusstsein.

Dann wächst er und beginnt zu laufen, beendet die Schule, wächst zu einem jungen Menschen heran, zu einem erwachsenen Menschen, und später zu einem alten Mann oder einer alten Frau, um schließlich, wieder reif geworden, aus dem Leib dieser Welt in eine andere, ewige, in die Welt Gottes geboren zu werden.

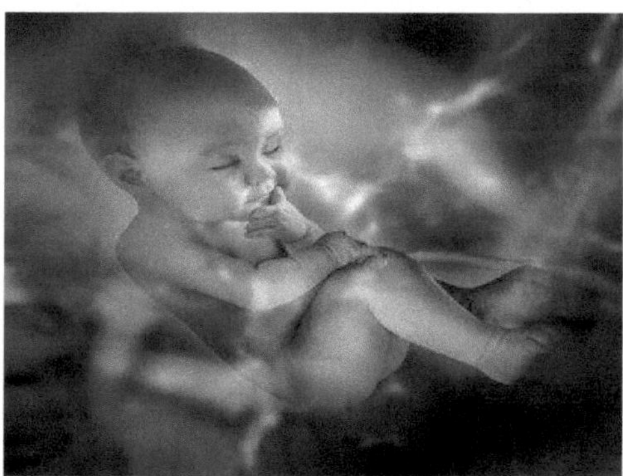

Mit dem alt-Sein wird das Leben also nicht beendet, sondern man wird reif für ein anderes Leben. So wie ein Kind nach neun Monaten im Mutterleib sein Leben nicht beendet hat, sondern reif wurde, um in einer anderen Welt geboren zu werden. Es ist interessant, dass das Kind im Mutterleib lebt, die Mutter aber nicht sieht. Es kann sie nicht betasten, weiß nichts über sie und muss sich fragen, was sich eigentlich außerhalb der Hülle des Mutterleibes befindet.

Ähnlich fühlt sich der Mensch, der hier auf Erden lebt, wie in einem merkwürdigen Leib. Er sieht nicht, wer ihn auf die Erde schickt, wessen sympathische und sanfte Hände ihn halten und tragen, was sich außerhalb des Erdenlebens befindet, wo das Ende des Weltalls ist, ob das All überhaupt ein Ende hat und wo sich Gott befindet.

Genauso wie ein Kind sich in der Mutter befindet, sich bewegt, da ist, ohne zu wissen, wo die Mutter ist. Die Menschen sagen, sie wüssten nicht und könnten nicht wissen, ob es Gott gebe. Sie ähneln dem Kind, das sagt, es könne nicht erfahren, ob es seine Mutter gebe. Aber die Mutter ernährt es, kümmert sich um es, ist zärtlich zu ihm.   J

Und falls sich die Mutter ärgert oder fröhlich ist, fühlt das Kind das im Mutterleib. So ähnlich ist es mit uns im "Leib" dieser Erde. Wir wissen nicht, wo Gott ist, und fragen uns, ob man ihn sehen und hören kann. Doch Gott ist da - wie eine Mutter für ihr Kind und wie das Meer für die Fische da ist, die in ihm schwimmen."

... mehr dazu findet sich in seinem Buch: **Wie Familie und Ehe zu heilen sind.**

<u>In größter Innerlichkeit drückte es der verstorbene Pfarrer *Martin Gutl* mit dem *Psalm 126* so aus</u>:

<u>"Wenn Gott uns heimführt aus den Tagen der Wanderschaft,</u>

... uns heimbringt aus der Dämmerung in sein beglückendes Licht, das wird ein Fest sein! Da wird unser Staunen von neuem beginnen. Wir werden Lieder singen, Lieder, die Welt und Geschichte umfassen. Wir werden singen, tanzen und fröhlich sein: denn Er führt uns heim: aus dem Hasten in den Frieden, aus der Armut in die Fülle ....

Wenn Gott uns heimbringt aus den engen Räumen, das wird ein Fest sein! Und die Zweifler werden bekennen: Wahrhaftig, ihr Gott tut Wunder! Er macht die Nacht zum hellen Tag; Er lässt die Wüste blühen!

Wenn Gott uns heimbringt aus den schlaflosen Nächten, aus dem fruchtlosen Reden, aus den verlorenen Stunden, aus der Jagd nach dem Geld, aus der Angst vor dem Tod, aus Kampf und aus Gier, wenn Gott uns heimbringt, das wird ein Fest sein!

Dann wird er lösen die Finger der Faust, die Fesseln, mit denen wir uns die Freiheit beraubten. Den Raum unseres Lebens wird er weiten in alle Höhen und Tiefen, in alle Längen und Breiten seines unermesslichen Hauses. Keine Grenze zieht Er uns mehr. Wer liebt, wird ewig lieben! Wenn Gott uns heimbringt, das wird ein Fest sein.

Wir werden einander umarmen und zärtlich sein. Es werden lachen nach langen Jahren der Armut, die Hunger gelitten. Es werden singen nach langen, unfreien Nächten die von Mächten Gequälten.

Es werden tanzen die Gerechten, die auf Erden kämpften und litten für eine bessere Welt! Wenn Gott uns heimführt, das wird ein Fest sein! Den Verirrten werden die Binden von den Augen genommen. Sie werden sehen. Die Suchenden finden endlich ein Du. Niemand quält sich mehr mit der Frage „Warum". Es werden verstummen, die Gott Vorwürfe machten.

Der Mensch sät in Betrübnis, er leidet und reift! Es bleibt sein Ende ein Anfang! Wer sät in Betrübnis, wird ernten in Freude.

Denn Gott, unser Gott, ist ein Gott der ewigen Schöpfung. Ein Gott, der mit uns die neue Erde, den neuen Himmel gestaltet.
Die Gerechten, die auf der Erde für eine bessere Welt gekämpft und gelitten haben, werden tanzen! Wenn Gott uns nach Hause führt, wird es ein Fest sein! Die Augenbinden werden von den Augen der Verlorenen entfernt.

Er lässt uns kommen und gehen, lässt uns sterben und auferstehen. Der Sand unserer irdischen Mühsal wird leuchten.
Die Steine, die wir zusammentrugen zum Bau unserer Welt, sie werden wie Kristalle glänzen. Wenn Gott uns heimbringt aus den Tagen der Wanderschaft, das wird ein Fest sein - Ein Fest ohne Ende!"
Sie werden sehen. Die suchenden werden endlich ein Du finden. Niemand wird sich mehr mit der Frage nach dem "Warum" quälen. Diejenigen, die Gott vorwürfe machten, werden verstummen.
Wir werden schauen, ohne jemals zu einem Ende zu kommen. wenn Gott uns nach Hause führt, wird es ein Fest sein! Wir werden uns freuen wie Schnitter beim Ernten.

Das Kreuz aber macht vielen Menschen bewusst, dass auch das Annehmen von unvermeidlichem Leid zum Leben in Erlösung und Heil dazugehört.

>>> AUSFAHRT >>> JESUS

... sein Blut ist regelrecht übervoll seiner prächtigen Liebe und Lebensfülle.

DIESE ERDE UND DIE HIMMEL

WEIHNACHT

Jedes Kind, das noch an das Christuskind glaubt, weiß mehr,
als ein aufgeklärter Skeptiker, der über die allgemeinen
diesbezüglichen Zweifel nicht herauswächst.

Denn mehr, als nur über Jesus zu wissen,
gilt nicht als höheres Wissen.

Glücklich die Eltern, die ihren Kindern Gott nahebringen
und IHN ihrer zarten Seele nicht vorenthalten.

M.Th. Dez. 2021

+ + +

Auch wenn die Tage der Schamesröte zu den Klima-Protestmärschen
unserer Jugend bereits verblassen, wird dennoch, ein Tag wie der,
an dem der Prophet „Jona in Ninive" erfolg hatte, kommen.
Dieser Tag wird gewiss kommen, denn der Herr hat Pläne
des Heils für uns. dieser Tag nach Gottes Handschrift
wird uns zu aufrichtiger Heiligung hinführen
und uns sein umfassendes Heil spenden.

M.Th., Vienna, 22.02.2022

<u>Hoffen auf Regen</u>
Alles Menschenmögliche, wenn es getan ist,
und darüber hinaus nichts mehr getan werden kann,
dann ist die Zeit des Hoffens gekommen.
Hoffen auf Regen und beten um Regen. Endlich! Regen. Menschenmöglich: Den Acker
erwerben, den Boden planieren, Maschinen pflegen, das Korn in die Erde bringen. Und warten.
Und hoffen.
Doch das Saatgut hast du nicht selber gemacht, kein einziges Korn, und auch den Boden nicht,
diesen Urgrund aus Sternenstaub. Menschenunmöglich. Staub, Sonne und Regen. Und Leben.
Du kannst es nicht machen . Hüten, bewahren, beleben. Kaufen, planieren, benützen. Backen,
genießen. Das kannst du. Schaffen nicht. Menschenunmöglich.
Der Mensch ist ein Hoffender auf Regen.
Wenn es getan ist, das Menschenmögliche, und der Regen gekommen ist, den du erhofft hast,
dann lade zu Tisch
und erzähle von deiner Hoffnung auf Regen.
Und teile.
Und lache.
Und lebe.
Matthäus Fellinger

========

Diese Erde und die Himmel

Ich glaube, dass die reale Welt keine Zinsgeldwirtschaft oder Kryptowährung, kein schwarzes
Gold, keine Hektik, Lärm und Gestank, keine Sprengköpfe und Gewalt braucht, um in der ihr
eigenen Wahrheit zu funktionieren und gute Güter hervorzubringen.

Macht sie Armut, Landflucht und Naturentgleisungen? Diese Erde ist doch freigiebig, hat Platz
für alles Leben; sie kennt keine Asphaltbänder und "fahr-lässiges" CO2! Sie gibt genug aus sich
selbst heraus, und sie eilt nicht fort-schreitend dahin. Hat sie nicht umfassende Empathie,
Würde, Geduld? Sie gibt doch Daseinsfreude, ist hilfsbereit und treu!
Wie erleben und sehen wir heute die Welt?

Ich denke, die Erde kränkelt, eilt und kämpft nicht fortwährend, und Sterben in ihr bedeutet friedliches Entschlafen.
Unsere technischen Behelfe stellen bloß mittelfristige, geistige Leihgaben dar, um unsere jeweiligen Krisen zu meistern.
Auf die Hochfinanz kann man dabei nicht hoffen - doch auf den himmlischen Beistand vertraue ich fest.
Seine Liebe ist wahr, gut und schön.

Die von Astrophysikern fieberhaft gesuchte mystische dunkle Materie und die fehlende kosmische Energie, werden wohl erst dann entdeckt werden, wenn unsere Ohren, Augen und Herzen gereinigt sind. Dies aber bewältigt der Erlösungsplan unseres Schöpfers. Auch sind die "Wasser des Lebens" nicht als Eiskometen auf die junge Erde gelangt und haben zur gegebenen Menge aller Weltmeere geführt;
Gott selber hat diese Fluten ins Dasein gesprochen!
M.Th. - 08.2020
= = = = =

<u>Zu Grunde gelegt</u>
Jedes Atom im Universum und jede Zelle hier auf Erden,
vibriert vor Freude und hält zueinander in Liebe.

Psalm 91
Wer im Schutz des Höchsten wohnt, der ruht im Schatten des Allmächtigen.
Ich sage zum HERRN: Du meine Zuflucht und meine Burg, mein Gott, auf den ich vertraue.
Denn er rettet dich aus der Schlinge des Jägers und aus der Pest des Verderbens. Er beschirmt dich mit seinen Flügeln, / unter seinen Schwingen findest du Zuflucht, Schild und Schutz ist

seine Treue.
Du brauchst dich vor dem Schrecken der Nacht nicht zu fürchten, noch vor dem Pfeil, der am Tag dahinfliegt, nicht vor der Pest, die im Finstern schleicht, vor der Seuche, die wütet am Mittag.
Fallen auch tausend an deiner Seite, / dir zur rechten zehnmal tausend, so wird es dich nicht treffen.
Mit deinen Augen wirst du es schauen, wirst sehen, wie den Frevlern vergolten wird.
Ja, du, HERR, bist meine Zuflucht. Den Höchsten hast du zu deinem Schutz gemacht.
Dir begegnet kein Unheil, deinem Zelt naht keine Plage.
Denn er befiehlt seinen Engeln, dich zu behüten auf all deinen Wegen.
Sie tragen dich auf Händen, damit dein Fuß nicht an einen Stein stößt;
du schreitest über Löwen und Nattern, trittst auf junge Löwen und Drachen.
Weil er an mir hängt, will ich ihn retten. Ich will ihn schützen, den er kennt meinen Namen.
Ruft er zu mir, gebe ich ihm Antwort. / In der Bedrängnis bin ich bei ihm, ich reiße ihn heraus und bringe ihn zu Ehren.
Ich sättige ihn mit langem Leben, mein Heil lasse ich ihn schauen.
Ehre sei dem Vater, dem Sohn und dem heiligen Geist, wie im Anfang, so auch jetzt und alle Zeit, und in Ewigkeit. Amen.

~~~~~~~~~~~~~~

~~~~~~~~

Oh Du mein Gott - ich bin verwirrt -
Du, der "Du bist da" ...
Mein lärmender Kopf, mein friedloses Herz - schreit an deiner Tür:
Lass mich rein; lass mich dich sehen und verwundert fühlen ...
ich bin taub für deine Stimme.
Lehre mich dein Schweigen, deine reiche Armut, deine Disziplin
und woran du dich erfreust;

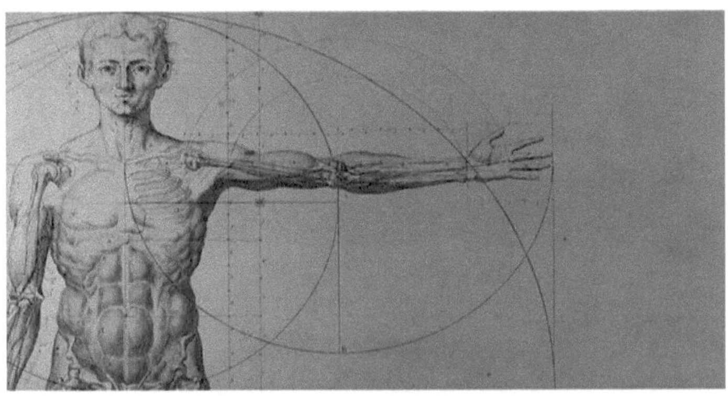

sonst bin ich verloren - im Elend eines kalten Nichts.
Ich kann und darf sein, weil alle da sind – alles ist durch göttliche Schöpfung.

Und wir alle, gefangen in der Enge hochschwangeren Alls, streben nach Deinem Frieden -
heraus Trübsal und innerem Hunger - jeder ein Flüchtling!

Hinter den drückenden Schmerzen der Neugeburt erwarten wir Dich -
warten auf deine Liebe - Dank sei Dir!
Morgen, ja jetzt und morgen bist du unser König, Hirte und Himmel.
JESUS - führe uns zurück zu Gott.
Ich fand es passend, Jesus nachzufolgen,
Ihm der mich zuerst gesucht, geborgen und geliebt hat;
Sein Wort, Sein Friede gibt Erlösung.
Du ziehst uns zur lebendigen und ewigen Liebe – zur Heimat bei unserem Vater.

Du hast uns seit 2000 Jahren das Wahre, Schöne und Gute geschenkt,
das wie warmer Regen, aus eurer Liebe das Land befeuchtet -
und es lässt alles neu erblühen - durch Eure unendliche Barmherzigkeit.
Du - Retter JESUS - heute hast du mich schon geheilt, mir Ruhe und ein neues Herz gegeben -
Halleluja!

M.Th. - 03.2016

~~~~~~~~~~~~~~~

<u>Ein Loblied meinem Gott</u>

Der mich beim Namen rief und mich von der Mühe der Irrwege befreite.
Oh - Du mein gütiger, himmlischer Papa - auf heißen Sand war ich geworfen,
wie ein stummer Fisch. Aber du hast mich in deinen Wassern wiederbelebt.
Jetzt schwimme ich fröhlich und atme Deinen Atem.
~~~~~~~~~~~~~~~

Oh – der Du bist wie eine himmlische Mutter - glückselig gebärend;
in eine tiefe Gletscherspalte war ich geworfen - einsam erfroren.
Aber deine warme, fette Brustmilch konnte mich auftauen. Jetzt darf ich mich ausstrecken
und meine Seele erwacht zu neuem Leben.
Wer hat mich geworfen? Dein Anblick hat sein Böses ihm zerstört!
Ich habe gerne gelebt, ja – und bin dann leicht gestorben.
Auf deine Zusage war es für mich nur ein kurzer Weg
durch das dunkle Tal. Nur deine Liebe hat mich gerettet!
Und wiederbelebt – darf ich, will ich Dir danken.
Jetzt freue ich, mich Dich zu sehen am Thron deiner Herrlichkeit.
Halleluja! Dein Sieg ist von Anfang an. So ist es …
Ja, diesem ewigen Gott singe ich meinen Psalter.
Er hat uns seinen eigenen geliebten Sohn gesandt.
Jesus wurde Mensch für unsere Rettung - aus Tod und Finsternis.
Rückkehr und Versöhnung hast Du uns mit Ihm geschenkt -
aus Deiner Gnade und Liebe. So ist es.

M.Th. - Sept. 2000

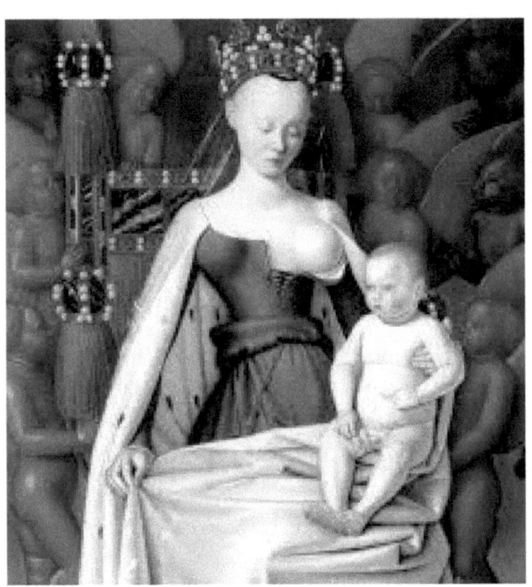

Du hast mich in meinem Innersten geschaffen,
im Leib meiner Mutter hast du mich gebildet. Herr,
ich danke dir dafür, dass du mich so wunderbar und einzigartig gemacht hast!
Großartig ist alles, was du geschaffen hast – das erkenne ich!
Schon als ich im Verborgenen Gestalt annahm, unsichtbar noch, kunstvoll gebildet
im Leib meiner Mutter, da war ich dir dennoch nicht verborgen.
Als ich gerade erst entstand, hast du mich schon gesehen.

132

Alle Tage meines Lebens hast du in dein Buch geschrieben – noch bevor einer von ihnen begann!
Wie überwältigend sind deine Gedanken für mich, o Gott, es sind so unfassbar viele!
Sie sind zahlreicher als der Sand am Meer; wollte ich sie alle zählen,
ich käme nie zum Ende!
Psalm 139:13-24

Jona in Ninive

(Jona 3:3)

Das Wort des Herrn erging zum zweiten Mal an Jona: „Begib dich auf deine Reise und geh nach Ninive, dieser großen Stadt, und beauftrage sie mit allem, was ich dir sagen werde".
Jona machte sich auf und ging nach Ninive, wie der Herr ihm geboten hatte.
Ninive war in den Augen Gottes eine große Stadt; Es dauerte drei Tage, um es zu überqueren. es zu durchqueren. Jona begann, die Stadt zu betreten; Er ging einen Tag lang und rief:
"Noch 40 Tage und Ninive wird zerstört!"

Und die Leute von Ninive glaubten Gott. Sie riefen ein Fasten aus, und alle, groß und klein und klein, zogen sich die Gewänder der Reue an. Als die Nachricht den König von Ninive erreichte, stand er von seinem Thron auf,
legte sein königliches Gewand ab, kleidete sich in ein Bußgewand und setzte sich in die Asche.
Er sandte in Ninive eine Proklamation aus: "Befehl des Königs und seiner Großen: Alle Menschen und Tiere, Rinder: "Alle Menschen und Tiere, Rinder, Schafe und Ziegen sollen weder essen noch weiden noch Wasser trinken". Sie werden sich damit bedecken in Gewändern der Buße, Mensch und Tier, sie werden laut zu Gott schreien, und jeder wird umkehren und sich von seinen bösen Taten und dem Bösen, das an seinen Händen ist, wenden.
Wer weiß, vielleicht wird Gott wieder Buße tun und von seinem wilden Zorn ablassen, damit wir nicht verloren gehen. Und Gott sah ihr Verhalten; er sah, dass sie Buße taten und sich von

ihren bösen Taten abwandten. Dann bereute Gott das Böse, mit dem er ihnen gedroht hatte, und führte die Drohung nicht aus.

– – –

Ob Gott uns heute 40 Wochen, 40 Tage oder 40 Stunden als Zeitbegrenzung gibt, und was Sie bereuen müssen, muss jeder „Ninive-Bewohner" entscheiden. Jeder "Einwohner von Ninive" muss es in seinem Herzen selbst herausfinden. In meiner Reue durfte ich mich von der intensiven Dummheit vieler jugendlicher Torheiten befreien.Jesus hat auch für dich gelitten!
M.Th. - März 2018

Er spricht Gerechtigkeit im Streit der Nationen,
Er tadelt viele Nationen.
Dann schmieden sie Pflugscharen aus ihren Schwertern
Und schneiden Messer von ihren Lanzen.
Das Schwert wird nicht mehr gezogen,
Nation gegen Nation,
und nicht mehr für den Krieg üben.
Jesaia 2,4

Es ist wahr: *Unter uns Menschen liegt viel Gutes in der Welt.*
Und doch sind leider auch harte Fakten wahr:

„Wir haben die Wahrheit Deines Wortes lächerlich gemacht und es Pluralismus genannt.
Wir haben andere Götter verehrt und es Multikultur genannt.
Wir haben der Perversion zugestimmt und sie einen alternativen Lebensstil genannt.
Wir haben die Armen ausgebeutet und das ihr Los genannt.
Wir haben Faulheit belohnt und sie Wohlstand genannt.
Wir haben unser Ungeborenes getötet und das Selbstbestimmung genannt.
Wir haben Leute entschuldigt, die Abtreibungen durchgeführt haben, und das Gerechtigkeit genannt.
Wir haben es versäumt, unseren Kindern Disziplin beizubringen, und nennen das Selbstachtung.
Wir haben Macht missbraucht und es Politik genannt.
Wir haben den Besitz unseres Nächsten beneidet und das Streben genannt.
Wir haben den Äther mit Pornografie und Weltlichem verschmutzt und weltlichen Dingen und nannte es Pressefreiheit.
Wir haben die Werte unserer Vorfahren lächerlich gemacht und es Aufklärung genannt.“
Joe Wright
Hier möchte ich – hier sollten wir – bekennen und bereuen.
Gott kann allen vergeben - lass uns mit ihm leben!!!
ER ist nie weiter weg – als unser Gebet.
M.Th. Wien, Feb.2020

———————

<u>So wahr wie ich lebe</u>, spricht der Herr, der Ewige:
Ich habe keine Freude am Tod des Gesetzlosen,
aber dass der Gesetzlose sich von seinem Weg abwendet und lebt!
Kehre um, kehre um von deinen bösen Wegen!
Denn warum willst du sterben...?

Hesekiel 33:11

HERR, du hast mich erforscht und kennst mich.
Ob ich sitze oder stehe, du kennst es. Du durchschaust meine Gedanken von fern.
Ob ich gehe oder ruhe, du hast es gemessen. Du bist vertraut mit all meinen Wegen.
Ja, noch nicht ist das Wort auf meiner Zunge, siehe, HERR, da hast du es schon völlig erkannt.
Von hinten und von vorn hast du mich umschlossen, hast auf mich deine Hand gelegt.
Zu wunderbar ist für mich dieses Wissen, zu hoch, ich kann es nicht begreifen.
Wohin kann ich gehen vor deinem Geist, wohin vor deinem Angesicht fliehen?
Wenn ich hinaufstiege zum Himmel - dort bist du; wenn ich mich lagerte in der Unterwelt -
siehe, da bist du.

Nähme ich die Flügel des Morgenrots, ließe ich mich nieder am Ende des Meeres,
auch dort würde deine Hand mich leiten und deine Rechte mich ergreifen.
Würde ich sagen: Finsternis soll mich verschlingen und das Licht um mich soll Nacht sein!
Auch die Finsternis ist nicht finster vor dir, / die Nacht leuchtet wie der Tag, wie das Licht wird
die Finsternis.
Von David - Psalm 139

Wenn die Liebe dir winkt,
folge ihr; sind ihre Wege auch schwer und steil. Und wenn ihre Flügel dich umhüllen, gib dich
ihr hin,
auch wenn das unterm Gefieder versteckte Schwert dich verwunden knn.
Und wenn sie zu dir spricht, glaube an sie,
auch wenn ihre Stimme deine Träume zerschmettern kann wie der Nordwind den Garten
verwüstet.
Denn so wie die Liebe dich krönt, kreuzigt sie dich; so wie die Liebe dich wachsen lässt,
beschneidet sie dich.

Aber wenn du in deiner Angst nur die Ruhe und die Lust der Liebe suchst,
dann ist es besser für dich, deine Nacktheit zu verbergen,

und vom Dreschboden der Liebe zu gehen - in die Welt ohne Jahreszeiten, wo du lachen wirst,
aber nicht dein ganzes Lachen; und weinen,
aber nicht all deine Tränen. Liebe gibt nichts als sich selbst, und nimmt nichts als von sich
selbst. Liebe besitzt nicht, noch lässt sie sich besitzen.

Denn die Liebe genügt der Liebe, und den Schmerz allzu vieler Zärtlichkeiten zu kennen,
vom eigenen Verstehen der Liebe verwundet zu sein, und willig
und freudig zu bluten, bei der Morgenröte mit beflügeltem Herzen zu erwachen.
Khalil Gibran

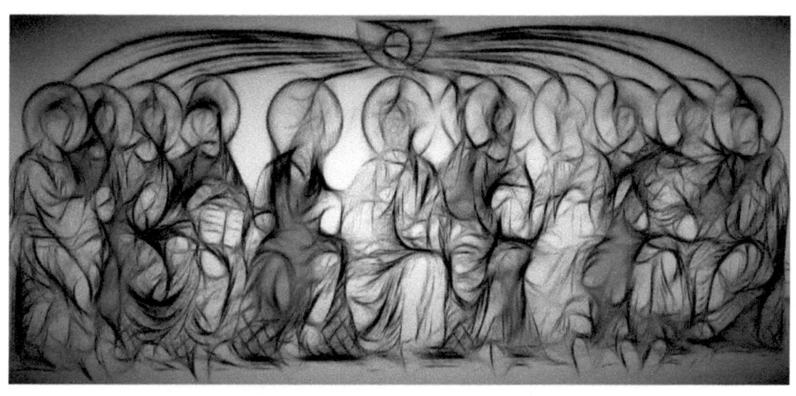

Niemand will ersticken, verdursten, in den Abgrund fallen -
niemand will ertrinken, erfrieren, verhungern, verbrennen.
Und doch passiert es hie und da.
Wer möchte Angst haben, einsam und unverstanden, in Hass
und Schuld, blind und taub vor Schmerzen sein?
Und doch sind wir nicht immun dagegen.
Allerdings: Die Drei-Einigen wollen das
nicht – ziehen uns davon weg.
Sanft und diskret, in Geduld und Liebe.
Lassen wir dies einfach geschehen!

M.Th. Juni 2020

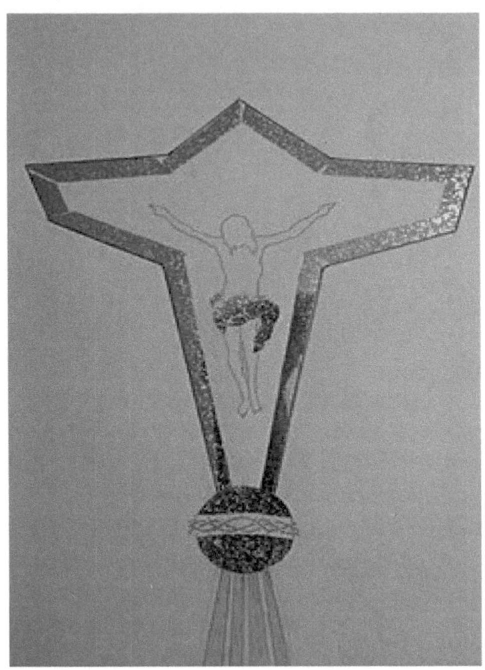

Die [Samaritanische] Frau sagte zu Ihm [Jesus]: Ich weiß, dass der Messias kommt, der Christus genannt wird. Wenn Er kommt, wird Er uns alles Verkünden. Da sagte Jesus zu ihr: Ich bin es, der zu dir Spricht.

(John 4:25-26)

**Ich bin es
der mit euch spricht.**

*Der mit Konventionen bricht
um Gemeinschaft zu schaffen
sieht in dir mehr als nur
der Wasserträger
deine Nähe sucht
wenn du Menschen meidest.*

*der dich erwartet
tief in dem Brunnenschacht
deines Egos erwartet
bittet dich um Wasser*

um dir Lebenskraft zu geben
stillt deinen Durst nach Zugehörigkeit.
Wer verwandelt deine Welt
in ein Heiligtum
Füllt deinen leeren Krug des Lebens
Füllt dich mit Sinn und Freude
Macht dich zu einer sprudelnden Quelle.

Der dich verstehen und erkennen lässt
traut dir zu
um Menschen zu Gott zu führen
macht dich zu einem Boten der Freude.

Ich bin es - ich
der nicht aufhört
um mit dir zu sprechen
um dich zu werben
um dir zu geben
wonach du dich sehnst.

________Klaus Einspieler, Bible Department of the Diocese of Gurk__________

Dazu ein Brief des <u>Apostels Paulus</u> an die Korinther :
Brüder! Es könnte einer fragen: Wie werden die Toten auferweckt, was für
einen Leib werden sie haben?
Was für eine törichte Frage! Auch das, was du säst, wird nicht lebendig, wenn es nicht stirbt.
Und was du säst, hat noch nicht die Gestalt, die entstehen wird; es ist nur ein nacktes
Samenkorn, zum Beispiel ein Weizenkorn oder ein anderes.
So ist es auch mit der Auferstehung der Toten. Was gesät wird, ist verweslich,
was auferweckt wird, unverweslich.
Was gesät wird, ist armselig, was auferweckt wird, herrlich. Was gesät wird,
ist schwach, was auferweckt wird, ist stark.
Gesät wird ein irdischer Leib, auferweckt ein überirdischer Leib. Wenn es einen irdischen Leib
gibt, gibt es auch einen überirdischen
So steht es auch in der Schrift: Adam, der Erste Mensch, wurde ein irdisches Lebewesen.
Der Letzte Adam wurde lebendigmachender Geist
Aber zuerst kommt nicht das Überirdische; zuerst kommt das Irdische, dann das Überirdische.
Der Erste Mensch stammt von der Erde und ist Erde; der Zweite Mensch stammt vom Himmel.
Wie der von der Erde irdisch war, so sind es auch seine Nachfahren. Und wie der vom Himmel
himmlisch ist, so sind es auch seine Nachfahren.
Wie wir nach dem Bild des Irdischen gestaltet wurden, so werden wir auch nach

dem Bild des Himmlischen gestaltet werden.
1 Kor 15, 35-37.42-49

<u>Ich habe den Herrn gesehen!</u>
Als meine Augen in einem Tränennetz gefangen waren, hat sie der Herr befreit
zu einem neuen Sehen.
Als meine Ohren ganz auf meinen Schmerz gerichtet waren, hat sie der Klang
seiner Stimme für die Freudenbotschaft geöffnet.
Als meine Lippen angstvoll verschlossen waren, hat mir der Herr ein neues Lied
in den Mund gelegt.
Als ich noch meinte der große Stein läge für immer auf meinem Herzen,
hat mein Geliebter mich ins Leben gerufen ... Amen
Ralf Huning

=====================
=============
===

K R I E G E auf dieser schönen Erde

<u>Barmherziger Gott des Friedens,</u>
sprachlos und ohnmächtig kommen wir zu Dir.
Wir beobachten das brutale Geschäft des Krieges,

steigende Aggressionen und Bedrohungen.
Erfolglos scheinen alle Vermittlungen zu sein,
die Angst vor Vernichtung und Leid geht um.
In dieser Situation bitten wir Dich
um neuen Geist für Frieden und Versöhnung,
um Einsicht und Bekehrung der Herzen.
Mit Deiner Hilfe wird es nicht zu spät sein,
Entscheidungen zu ermöglichen,
die Zerstörung und Elend verhindern.
Im Namen all jener, die unmittelbar
betroffen, bedroht und involviert sind,
ersehnen wir das Wunder des Friedens –
für die Ukraine, Russland und ganz Europa.
Du Gott des Lebens, des Trostes und der Liebe,
wir vertrauen auf Deine Güte und Vorsehung.

Amen.

(Gebet von *Bischof H. Glettler*, 23. Februar 2022)

Krieg

Du grauenvollste Tat
des Menschen, du Untat
Auf beiden Seiten, raubst
dem Vater seinen Sohn, glaubst
das Vaterland zu verteidigen.

Du tötest den Müttern die Söhne,

ermordest den Frauen den Gatten,
entreißt den Kindern die Väter.
Trennst für immer die Liebenden,
die sich erst gefunden hatten.
Nimmst Freunden ihre Freunde,
zertrampelst in Minuten, was
Jahrhunderte geschaffen
und aufgebaut, das
Generationen hüteten.
Zerteilst das Glück der Einzelnen, um
ihren Körper zu zerstückeln. Lässt Veteranen überleben, und
Verstümmelte zurück an Leib und Seele,
auf dass sie dich verfluchen.

Hinterlässt Trümmer nur und Haufen,
Krüppel, die in bitterer Armut vegetieren, und
entstehst doch immer wieder neu,
als gäbst du ein Versprechen.
Dabei bist du - das schlimmste der Verbrechen.
Erhard Blanck

David und Goliat

Die Philister sammelten ihre Heere zum Streit und kamen zusammen zu Socho in Juda und lagerten sich zwischen Socho und Aseka bei Ephes-Dammim. Aber Saul und die Männer Israels kamen zusammen und lagerten sich im Eichgrunde und rüsteten sich zum Streit gegen die Philister. Und die Philister standen auf einem Berge jenseits und die Israeliten auf einem Berge diesseits, dass ein Tal zwischen ihnen war. Da trat aus den Lagern der Philister ein Riese mit Namen Goliath von Gath, sechs Ellen und eine Handbreit hoch; und er hatte einen ehernen Helm auf seinem Haupt und einen schuppendichten Panzer an, und das Gewicht seines Panzers war fünftausend Lot Erz, und hatte eherne Beinharnische an seinen Schenkeln und

144

einen ehernen Schild auf seinen Schultern. Und der Schaft seines Spießes war wie ein Weberbaum, und das Eisen seines Spießes hatte sechshundert Lot Eisen; und sein Schildträger ging vor ihm her. Und er stand und rief zu dem Heer Israels und sprach zu ihnen: Was seid ihr ausgezogen, euch zu rüsten in einen Streit? Bin ich nicht ein Philister und ihr Sauls Knechte? Erwählt einen unter euch, der zu mir herabkomme.

Vermag er wider mich zu streiten und schlägt mich, so wollen wir eure Knechte sein; vermag ich aber wider ihn und schlage ihn, so sollt ihr unsre Knechte sein, dass ihr uns dient. Und der Philister sprach: Ich habe heutigen Tages dem Heer Israels Hohn gesprochen: Gebt mir einen und lasst uns miteinander streiten. Da Saul und ganz Israel diese Rede des Philisters hörten, entsetzten sie sich und fürchteten sich sehr ....

Da machte sich David des Morgens früh auf und ließ die Schafe dem Hüter und trug und ging hin, wie ihm Isai geboten hatte und kam zur Wagenburg. Und das Heer war ausgezogen und hatte sich gerüstet, und sie schrien im Streit ....

Siehe, da trat herauf der Riese mit Namen Goliath, der Philister von Gath, aus der Philister Heer und redete , und David hörte es. Aber jedermann in Israel, wenn er den Mann sah, floh er vor ihm und fürchtete sich sehr .... .Da sprach David zu den Männern, die bei ihm standen: Was wird man dem tun, der diesen Philister schlägt und die Schande von Israel wendet? Denn wer ist der Philister, dieser Unbeschnittene, der das Heer des lebendigen Gottes höhnt? .... Saul aber sprach zu David: Du kannst nicht hingehen wider diesen Philister, mit ihm zu streiten; denn du bist ein Knabe, dieser aber ist ein Kriegsmann von seiner Jugend auf ....

Und David sprach: Der HERR, der mich von dem Löwen und Bären errettet hat, der wird mich auch erretten von diesem Philister .... und er nahm seinen Stab in seine Hand und erwählte fünf glatte Steine aus dem Bach und tat sie in seine Hirtentasche, die er hatte, und in den Sack und nahm die Schleuder in seine Hand und machte sich zu dem Philister ....

Da nun der Philister sah und schaute David an, verachtete er ihn; denn er war ein Knabe, bräunlich und schön. Und der Philister sprach zu David: Bin ich denn ein Hund, dass du mit Stecken zu mir kommst? und fluchte dem David bei seinem Gott und sprach zu David: Komm her zu mir, ich will dein Fleisch geben den Vögeln unter dem Himmel und den Tieren auf dem Felde! David aber sprach zu dem Philister: Du kommst zu mir mit Schwert, Spieß und Schild; ich aber komme zu dir im Namen des HERRN Zebaoth, des Gottes des Heeres Israels, das du gehöhnt hast ....

Da sich nun der Philister aufmachte und daherging und nahte sich zu David, eilte David und lief auf das Heer zu, dem Philister entgegen.

Und David tat seine Hand in die Tasche und nahm einen Stein daraus und schleuderte und traf den Philister an seine Stirn, dass der Stein in seine Stirn fuhr und er zur Erde fiel auf sein Angesicht. Also überwand David den Philister mit der Schleuder und mit dem Stein und schlug ihn und tötete ihn. Und da David kein Schwert in seiner Hand hatte, lief er und trat zu dem Philister und nahm sein Schwert, zog´s aus der Scheide und tötete ihn, und hieb ihm den Kopf damit ab. Da aber die Philister sahen, dass ihr Stärkster tot war, flohen sie.

1. Samuel - Kapitel 17

Friedensschmiede
Hell lodert auf das Feuer des Gerichts,
leckt gierig an den Plänen der Gewalt.
Voll Scham verhüllt der Kriegsheld sein Gesicht,
das Prahlen der Bedrücker ist verhallt.
Es prasselt auf das Holz von Axt und Speer,
verwandelt seine Kraft zu heißer Glut.
Den Flammen fallen Schwerter zum Verzehr,
die Opfer der Geschichte fassen Mut.
In heißer Glut gerinnt der harte Stahl,
der Hammer schlägt den Takt zu neuem Lied.
Die Völker stimmen ein in großer Zahl,
weil Gottes Frieden durch die Länder zieht.
Klaus Einspieler

Zwei Männer werden auf dem Feld arbeiten; der eine wird angenommen, und der andere
bleibt zurück.
Zwei Frauen werden Getreide mahlen; die eine wird angenommen, die andere bleibt zurück.
Matthaeus 24:40-41

Dann werden sie ihre Schwerter zu Pflugscharen Umschmieden und ihre Lanzen zu
Winzermessern.

Mi 4.3

Sie erheben nicht mehr das Schwert, Nation gegen Nation, und sie erlernen nicht mehr den
Krieg.

Noch nie war die Möglichkeit einer weltweiten atomaren Eskalation derart Nahe.
Sie wäre tatsächlich unser aller Ende!

Und nie zuvor gab es über 450 Atommeiler und deren gefährliche Brennstäbe.

Bei Gefahr in Verzug schlage dein Kreuz und überlasse deine Seele vertrauensvoll dem Herrn -
er weiß um unsere Gebrechlichkeit und Schwäche aus dem Fleisch ...

Beten wir täglich auch um den inneren und äußeren Frieden

====================

=============

=====

147

Herkunft des Lebens aus der Sicht der Information -

<u>Naturgesetze über Information und ihre Schlussfolgerungen - Prof. Dr. DI. *Werner Gitt*</u>

Die stärkste Argumentation in der Wissenschaft ist immer dann gegeben, wenn man Naturgesetze in dem Sinne anwenden kann, dass sie einen Prozess oder Vorgang ausschließen. In allen Lebewesen finden wir eine geradezu unvorstellbare Menge an Information. Das Gedankensystem Evolution könnte überhaupt nur funktionieren, wenn es in der Materie eine Möglichkeit gäbe, dass durch Zufallsprozesse Information entstehen kann.

Diese Information ist unbedingt erforderlich, weil alle Baupläne der Individuen und alle komplexen Vorgänge in den Zellen (z.B. Proteinsynthese) informationsgesteuert ablaufen. In diesem Beitrag wird mit den Naturgesetzen der Information argumentiert, die aus der Beobachtung gewonnen wurden. Diese Gesetze schließen aus, dass jegliche Information, und damit auch die biologische Information, aus Materie und Energie ohne einen Bezug zu einem intelligenten Urheber hervorgegangen sein kann.

Wer Evolution für denkmöglich hält, glaubt an ein „Perpetuum mobile der Information". Die hier gezeigten Naturgesetze verlangen für die Herkunft der biologischen Information einen bewussten und mit Willen ausgestatteten Schöpfer. Die weitreichenden Schlussfol-gerungen dieser Gesetze werden diskutiert.

1. Was ist ein Naturgesetz? Lässt sich die allgemeine Gültigkeit von Sätzen, die unsere beobachtbare Welt betreffen, in reproduzierbarer Weise immer wieder bestätigen, so spricht man von einem Naturgesetz. Naturgesetze genießen hinsichtlich ihrer Aussagekraft in der Wissenschaft den höchsten Vertrauensgrad. Von Bedeutung ist:
<u># Die Naturgesetze kennen keine Ausnahme.</u>
<u># Naturgesetze sind unveränderlich in der Zeit.</u>
<u># Die Naturgesetze beantworten uns die Frage, ob ein gedachter Vorgang überhaupt möglich ist oder nicht. Dies ist eine besonders wichtige Anwendung der Naturgesetze.# Die Naturgesetze existierten schon immer, und zwar unabhängig von ihrer Entdeckung und Formulierung durch Menschen:</u>
<u># Naturgesetze können stets erfolgreich auf unbekannte Fälle angewendet werden. Wenn wir von Naturgesetzen sprechen, dann verstehen wir normalerweise darunter die physikalischen und die chemischen Gesetze.</u> Wer meint, unsere Welt sei allein mit materiellen Größen beschreibbar, schränkt seine Wahrnehmung ein. Zu unserer Welt gehören aber auch nicht-materielle Größen wie z.B. Information, Wille und Bewusstsein. Mit Hilfe des hier vorgetragenen Konzeptes wird erstmalig der Versuch unternommen, Naturgesetze auch für nicht-materielle Größen zu formulieren. Sie erfüllen dieselben strengen Kriterien wie die Naturgesetze für materielle Größen und sind darum in ihren Schlussfolgerungen ebenso aussagekräftig wie diejenigen der materiellen Größen.

2. Was ist Information? 2.1 Information ist keine Eigenschaft der Materie! Von dem amerikanischen Mathematiker *Norbert Wiener* stammt der vielzitierte Satz: „Information ist Information, weder Materie noch Energie." Damit hat er etwas sehr Wesentliches erkannt: Information ist keine materielle Größe. Diese wichtige Eigenschaft von Information möchte ich anhand eines einsichtigen Beispiels erläutern: Stellen wir uns eine Sandfläche am Strand vor. Mit dem Finger schreibe ich einige Sätze in den Sand. Der Inhalt der Information ist verständlich. Dann lösche ich die Information, indem ich den Sand glätte. Nun schreibe ich andere Sätze in den Sand. Ich benutze dabei dieselbe Materie zur Informationsdarstellung wie zuvor. Durch das Löschen und Wiederbeschreiben hat sich die Masse des Sandes zu keinem Zeitpunkt verändert, obwohl zwischenzeitlich unterschiedliche Information dargestellt wurde. Die Information selbst ist also masselos. (Die gleiche Überlegung hätten wir auch mithilfe der Festplatte eines Computers anstellen können).

Norbert Wiener hat uns zwar gesagt, was Information nicht ist; aber wir wollen wissen, was Information denn wirklich ist. Diese Frage soll im Folgenden beantwortet werden. Weil Information eine nicht-materielle Größe ist, kann ihr Entstehen auch nicht aus materiellen Prozessen heraus erklärt werden. Was ist der auslösende Faktor dafür, dass es überhaupt Information gibt? Was veranlasst uns dazu, einen Brief, eine Postkarte, eine Gratulation, ein Tagebuch oder einen Aktenvermerk zu schreiben? Die wichtigste Voraussetzung dafür ist unser eigener Wille oder der unseres Auftraggebers. Information beruht immer auf dem Willen eines Senders, der die Information abgibt. Sie ist keine Konstante, sondern absichtsbedingt kann sie zunehmen, und durch Störeinflüsse kann sie deformiert oder zerstört werden. Halten wir fest: Information entsteht nur durch Wille (Absicht).

2.2 Naturgesetzliche Definition von Information. Um die Naturgesetze der Information beschreiben zu können, braucht man eine geeignete und präzise Definition, um eindeutig entscheiden zu können, ob ein unbekanntes System zum Definitionsbereich gehört oder nicht.

Die folgende Definition erlaubt eine sichere Zuordnung: Information liegt immer dann vor, wenn in einem beobachtbaren System alle folgenden fünf hierarchischen Ebenen vorkommen: Statistik, Syntax, Semantik, Pragmatik und Apobetik. Die fünf Ebenen der Information sind:

1. Statistik: Hierhin gehören Fragen wie: Aus wie vielen Buchstaben, Zahlen und Wörtern ist der Gesamttext zusammengesetzt? Wie ist die Anzahl der jeweiligen Einzelbuchstaben des verwendeten Alphabets (z. B. a, b, c, ..., z oder G, C, A und T)? Mit welcher Häufigkeit treten bestimmte Buchstaben und Wörter auf? *Claude E. Shannon* hat ein mathematisches Konzept entwickelt [1, S. 294-311], das aber nur diese unterste Ebene erfasst.

2. Syntax: Unter Syntax subsumieren wir sämtliche strukturellen Merkmale der Informationsdarstellung. Auf dieser zweiten Ebene geht es nur um die Zeichensysteme 3 selbst (Code) und um die Regeln der Verknüpfung von Zeichen und Zeichenketten (Grammatik, Wortschatz), wobei dies unabhängig von irgendeiner Interpretation geschieht.

3. Semantik: Zeichenketten und syntaktische Regeln bilden die notwendige Voraussetzung zur Darstellung von Information. Das Entscheidende einer zu übertragenden Information aber ist Semantik, d.h. die darin enthaltene Botschaft, die Aussage, der Sinn, die Bedeutung.

4. Pragmatik: Information fordert zur Handlung auf. In unserer Betrachtungsweise spielt es keine Rolle, ob der Informationsempfänger im Sinne des Informationssenders handelt, entgegengesetzt reagiert oder gar nicht darauf eingeht. Jede Informationsweitergabe geschieht jedoch mit der senderseitigen Absicht, beim Empfänger eine bestimmte Handlung auszulösen.

5. Apobetik: Es gilt für jede beliebige Information, dass der Sender ein Ziel damit verfolgt. Damit haben wir die letzte und höchste Ebene der Information erreicht, nämlich die Apobetik (Zielaspekt, Ergebnisaspekt; griech. apobeinon = Ergebnis, Erfolg, Ausgang). Der Apobetikaspekt der Information ist der wichtigste, da er nach der Zielvorgabe des Senders fragt.

3.) Die vier Naturgesetze über Information (NGI)

NGI-1: Eine materielle Größe kann keine nicht-materielle Größe hervorbringen. Es ist unsere allgemeine Erfahrung, dass ein Apfelbaum Äpfel, ein Birnbaum Birnen und eine Distel Distelsamen hervorbringt. Ebenso bringen Pferde Pferdefohlen, Kühe Kuhkälber und Frauen Menschenkinder zur Welt. In gleicher Weise entnehmen wir der Beobachtung, dass eine materielle Größe niemals etwas Nicht-Materielles hervorbringt. Statt immateriell oder nicht materiell verwenden wir durchgängig die Schreibweise „nicht-materiell", um den Gegensatz zu materiell noch deutlicher herauszustellen.

NGI-2: Information ist eine nicht-materielle fundamentale Größe. Unsere Wirklichkeit, in der wir leben, lässt sich in zwei grundsätzlich zu unterscheidende Bereiche einteilen, nämlich in die materielle und nicht-materielle Welt. Die Materie verfügt über Masse, und diese ist im Gravitationsfeld wägbar. Im Unterschied dazu sind alle nicht-materiellen Größen (z. B. Information, Bewusstsein, Intelligenz, Wille) masselos. Dennoch gilt es festzuhalten, dass zur Speicherung und Übertragung von Information Materie und Energie erforderlich sind.

NGI-3: In statistischen Prozessen kann keine Information entstehen. Statistische Prozesse sind rein physikalische oder chemische Prozesse, die ohne Zutun von steuernder Intelligenz ablaufen. NGI-4: Information kann nur durch einen intelligenten Sender entstehen. Ein intelligenter Sender (im Gegensatz zu einem maschinellen Sender) verfügt über Bewusstsein, ist mit eigenem Willen ausgestattet, ist kreativ, denkt selbständig und wirkt zielorientiert...

NGI-4 ist ein sehr allgemeines Naturgesetz, aus dem sich mehrere speziellere Naturgesetze ableiten lassen. 4 NGI-4a: Jeder Code beruht auf der gegenseitigen Vereinbarung von Sender und Empfänger. NGI-4b: Es gibt keine neue Information ohne einen intelligenten Sender. NGI-4c: Jede Informationsübertragungskette kann zurückverfolgt werden bis zu einem intelligenten Sender. NGI-4d: Die Zuordnung von Bedeutung zu einem Satz von Symbolen ist ein geistiger Prozess, der Intelligenz erfordert. Unsere Fragen gehen aber darüber hinaus, und so brauchen wir eine höhere Informationsquelle, um die erforderliche Grenzüberschreitung vornehmen zu können.

Schlussfolgerung Nr. 1: Gott existiert; Widerlegung des Atheismus S1: Weil wir in allen Formen des Lebens einen Code (DNS- bzw. RNS-Moleküle) und die anderen Ebenen der Information vorfinden, befinden wir uns eindeutig innerhalb des Definitionsbereiches von Information. So können wir daraus schließen: Es muss hierzu einen intelligenten Sender geben! (Anwendung von NGI-3, NGI-6, NGI-7) Begründung: Da es keinen nachweisbaren Prozess durch Beobachtung oder Experiment in der materiellen Welt gibt, bei dem von alleine Information entstanden ist, gilt das auch für alle Information, die wir in den Lebe-wesen vorfinden. So verlangt NGI-4 auch hier einen intelligenten Urheber, der die Progra-mme „schrieb". Die Schlussfolgerung Nr. 1 ist somit auch eine Widerlegung des Atheismus.

Schlussfolgerung Nr. 2: Gott ist allwissend und ewig S2: Die Information, die im DNS-Molekül codiert ist, übertrifft alle unsere derzeitigen Technologien bei weitem. Da kein Mensch als Sender infrage kommt, muss dieser außerhalb unserer sichtbaren Welt gesucht werden. Wir können schließen: Der Sender muss nicht nur äußerst intelligent sein, sondern über unendlich viel Information und Intelligenz verfügen, d. h. er muss allwissend sein. (Anwendung von NGI-1, NGI-2, NGI-4b) Begründung: Nach NGI-4c steht am Anfang einer jeden Informations-übertragungskette ein intelligenter Urheber.
Wendet man diesen Satz konsequent auf die biologische Information an, dann ist auch hierfür ein intelligenter Urheber erforderlich. In den DNS-Molekülen finden wir die allerhöchste uns bekannte Informationsdichte vor [1, S. 311-313]. Wegen NGI-1 scheiden alle nur denkbaren in der Materie ablaufenden Vorgänge als Informationsquelle prinzipiell aus. Der Mensch, der zwar Information erzeugen kann (z. B. Briefe, Bücher), scheidet ebenfalls als Quelle der biologischen Information aus. So bleibt nur ein Sender übrig, der außerhalb unserer dreidimensionalen Welt gehandelt.hat.

Nach einem Vortrag an einer Universität fragte eine Studentin: „Wer hat Gott informiert, dass er in der Lage war, die DNS-Moleküle zu programmieren?" Zwei Erklärungen sind denkmöglich: Erklärung a): Stellen wir uns einmal vor, dieser Gott wäre zwar wesentlich intelligenter als wir, aber dennoch begrenzt. Nehmen wir weiterhin an, er hätte so viel Intelligenz (bzw. Information) zur Verfügung, dass er in der Lage wäre, alle biologischen Systeme zu programmieren. Die Frage liegt dann tatsächlich auf der Hand: Wer hat ihm diese dazu erforderliche Information gegeben, und wer hat ihn gelehrt? Nun, dann brauchte er einen höheren Informationsgeber I_1, also einen Übergott, der mehr wüsste als Gott. Wenn I_1 zwar mehr weiß als Gott, aber auch begrenzt wäre, dann brauchte auch er wiederum einen Informationsgeber I_2 - also einen Über-über-gott. So ließe sich bei dieser Denkweise die Kette beliebig fortsetzen über I_3, I_4, ... bis un-endlich. Wie man sieht, benötigte man unendlich viele Götter, wobei in der langen Kette jeder (n+1)-te Übergott immer etwas mehr wüsste als der n-te. Nur von diesem unendlich-sten Über-über-über-Gott$_1$ könnten wir sagen, er ist unbegrenzt und allwissend. Erklärung b): Einfacher und befriedigender ist es, gleich nur einen einzigen Sender (einen Urheber, einen Schöpfer, einen Gott) anzunehmen. Dann aber müsste gefordert werden, dass dieser unendlich intelligent ist und unendlich viel Information zur Verfügung haben muss. Er muss also allwissend sein. Welche der beiden Erklärungen a) und b) ist nun richtig? Beide Erklär-ungen sind logisch gleichwertig. Wir müssen eine Entscheidung treffen, die sich aber nicht aus den NGI ableiten lässt. Dies tun wir mit den folgenden Überlegungen:

In der Realität gibt es immer nur abzählbar endliche Mengen. Die Anzahl der Atome im Universum ist zwar unvorstellbar hoch, aber im Prinzip dennoch abzählbar. Die Gesamt-heit aller Menschen oder aller Ameisen oder aller Weizenkörner, die es je gegeben hat, ist ebenfalls immens hoch, aber dennoch endlich. Obwohl unendlich ein üblicher Begriff in der mathe-matischen Abstraktion ist, gibt es in der Realität dennoch nichts, das durch eine unendliche

Zahl repräsentiert wird. Die Erklärung a) besteht also nicht den Test der Plausibi-1. Die hier verwendete Sprechweise könnte den Eindruck erwecken, als wäre „unendlich" eine abzählbare Zahl, zu der man gelangt, wenn man nur hinreichend lange zählt. Das ist jedoch nicht der Fall, und darum bleibt nur noch b) als einzige Alternative übrig. Das bedeutet: Es gibt nur einen einzigen Sender. Dieser muss dann aber allwissend sein. Damit sind wir genau bei dem angekommen, was die Bibel auch lehrt: Es gibt nur einen Gott: „Ich bin der Erste, und ich bin der Letzte, und außer mir ist kein Gott" (Jes 44,6). Was bedeutet es, wenn Gott (der Sender der biologischen Information, der Schöpfer) unendlich ist.

Dann gibt es für ihn keine Frage, die er nicht beantworten könnte, dann gehören zu seiner Kenntnis nicht nur alle Dinge der Gegenwart und der Vergangenheit - auch die Zukunft ist ihm nicht verborgen. Wenn er aber alle Dinge weiß – auch jenseits aller zeitlichen Grenzen – dann muss er selbst ewig sein. So haben wir durch Schlussfolgerung (ohne Bibel!) herausgefunden, warum in Römer 1,20 steht, dass wir aus den Werken der Schöpfung auf die ewige Kraft Gottes schließen können. Dass Gott ewig ist, bezeugt die Bibel an vielen Stellen (z. B. Ps 90,2; Jes 40,28; Dan 6,27).

Schlussfolgerung Nr. 3: Gott ist äußerst mächtig S3: Weil der Sender die Information genial codiert hat, die wir in den DNS-Molekülen vorfinden, 🕐die komplexen Biomaschinen konstruiert haben muss, die die Information decodieren und sämtliche Prozesse zur Biosynthese ausführen, 🕐alle konstruktiven Details und Fähigkeiten der Lebewesen gestaltet haben muss, können wir schließen, dass der Sender dies alles so gewollt hat und dass er mächtig sein muss. Begründung: Bei der vorigen Schlussfolgerung Nr. 2 konnten wir auf der Grundlage von Naturgesetzen feststellen, dass der Sender (Schöpfer, Gott) all-wissend und ewig sein muss. Nun stellen wir die Frage nach der Größe seiner Macht. Unter „Macht" fassen wir alles zusammen, was wir mit den Begriffen Fähigkeit, Kraft, Wirksamkeit und Kreativität beschreiben. Solche Macht ist unbedingt notwendig, um alles Lebendige herzustellen. Aufgrund seiner Allwissenheit weiß der Sender, wie z. B. DNS-Moleküle programmiert werden können. Dieses Wissen reicht aber noch nicht aus, um sie auch in Existenz zu bringen. Für den Schritt vom Wissen zur praktischen Ausführung ist zusätzlich die Fähigkeit erforderlich, alle benötigten Biomaschinen bauen zu können. Ohne eine kreative Macht ist Leben überhaupt nicht möglich. Von der Größe dieser gewaltigen Macht haben wir keine quantitative Vorstellung, aber die Bibel zeigt uns das wahre Ausmaß, indem sie uns den dahinter stehenden Sender als allmächtig vorstellt: „Ich bin das A und das O, ... Der da ist und der da war und der da kommt, der Allmächtige (Offb 1,8). „Bei Gott ist kein Ding unmöglich" (Lk 1,37). 2 Römer 1,20: „Denn Gottes unsichtbares Wesen, das ist seine ewige Kraft und Gottheit, wird seit der Schöpfung der Welt ersehen aus seinen Werk-en, wenn man sie wahrnimmt, sodass sie keine Entschuldigung haben."

Schlussfolgerung Nr. 4: Gott ist nicht-materiell S4: Weil Information wesensmäßig eine nicht-materielle Größe ist, kann sie nicht von einer materiellen Größe her stammen. Wir können daher schließen: Der Sender muss von seiner Natur her nicht-materiell sein (Geist). (Anwendung von NGI-1, NGI-2) Begründung: Information ist eine nicht-materielle Größe und benötigt darum zu ihrer Herkunft eine nicht-materielle Quelle. Daraus folgt: Der Sender muss seinem Wesen nach nicht-materiell sein oder zumindest eine nicht-materielle Komponente besitzen. Genau das lehrt auch die Bibel in Johannes 4,24: „Gott ist Geist, und die ihn anbeten, die müssen ihn im Geist und in der Wahrheit anbeten."

Schlussfolgerung Nr. 5: Kein Mensch ohne Seele; Widerlegung des Materialismus S5: Weil wir

Menschen in der Lage sind, Information zu kreieren, kann sie nicht von unserem materiellen Teil (Körper) stammen. Wir können daher schlussfolgern: Der Mensch muss eine nicht-materielle Komponente haben (Seele, Geist). (Anwendung von NGI-1, NGI-2) Begründung: In der Evolutions- und Molekularbiologie wird ausschließlich materialistisch gedacht. Dieser Reduktionismus (d. h. ausschließliche Erklärung im Rahmen der Materie) ist geradezu zum Arbeitsprinzip erhoben worden.

Mithilfe der Informationssätze lässt sich der Materialismus wie folgt widerlegen: Wir alle haben die Fähigkeit, neue Information zu erzeugen. Wir können Gedanken in Briefen, Aufsätzen und Büchern festhalten oder kreative Gespräche führen und erzeugen damit eine nicht-materielle Größe, nämlich Information (dass wir zur Speicherung und zum Transfer der Information einen materiellen Träger benötigen, ändert nichts am Wesen der Information). Daraus können wir eine sehr wichtige Schlussfolgerung ziehen, nämlich, dass wir neben unserem (materiellen) Körper noch eine nicht-materielle Komponente haben müssen. Die Philosophie des Materialismus, die ihre stärkste Ausprägung im Marxismus-Leninismus und im Kommunismus fand, ist nun mithilfe der Naturgesetze über Information auch wissenschaftlich widerlegt. Auch die Bibel bestätigt unsere obige Schlussfolgerung, dass der Mensch nicht rein materiell ist. Wir nennen dazu 1. Thessalonischer 5,23: „Er aber, der Gott des Friedens, heilige euch durch und durch und bewahre euren Geist samt Seele und Leib unversehrt, untadelig für die Ankunft unseres Herrn Jesus Christus." Der Leib ist der materielle Anteil des Menschen, während Seele und Geist nicht-materiell sind.

Schlussfolgerung Nr. 6: Urknall unmöglich S6: Weil Information eine nicht-materielle Größe ist, können wir schließen, dass die Behauptung „Das Universum ist allein aus Materie und Energie hervorgegangen" (wissenschaftlicher Materialismus), FALSCH ist. (Anwendung von NGI-2) Begründung: Weithin wird heute behauptet, das Universum verdankt seinen Ursprung einem Urknall, bei dem lediglich Materie und Energie zur Verfügung standen. Alles, was wir

heute in unserer Welt wahrnehmen, beobachten und messen, ist nach dieser Auffassung ausschließlich und ohne irgendwelche sonstige Zutat aus diesen beiden physikalischen Größen hervorgegangen. Ist die Urknall-Hypothese ebenso widerlegbar wie ein Perpetuum mobile? Antwort: JA, mit Hilfe der Naturgesetze über Information. In unserer Welt finden wir eine Fülle von Information in den Zellen aller Lebewesen. Gemäß Satz NGI-1 ist Information eine nichtmaterielle Größe und kann darum unmöglich aus Materie und Energie entstanden sein. Somit ist das „Gedankensystem Urknall" falsch. Die Evolution wird von ihren Vertretern als ein universales Prinzip angesehen. Sie bildet eine Kette, bei der jedes Glied unverzichtbar ist: Urknall – kosmologische Evolution – geologische Evolution – biologische Evolution. Reißt ein Kettenglied, dann ist damit die Tragfähigkeit insgesamt verloren gegangen. Durch die Schlussfolgerung Nr. 6 bricht bereits das erste Glied der Kette. Wir können es auch so formulieren: Es ist kein Urknallsystem denkbar, aus dem in der Folge Information und Leben entstehen kann. Auch die Bibel lehrt, dass diese Welt nicht aus einem Milliarden Jahre andauernden Prozess hervorgegangen ist, sondern durch Erschaffung von einem allmächtigen Gott in sechs Tagen. So lesen wir es in 2. Mose 20,11: „Denn in sechs Tagen hat der Herr Himmel und Erde gemacht und das Meer und alles, was darinnen ist, und ruhte am siebenten Tage."

Schlussfolgerung Nr. 7: Keine Evolution S7: Weil Information die grundlegende Komponente allen Lebens ist, die nicht von Materie und Energie stammen kann, ist ein intelligenter Sender erforderlich. Da aber alle Theorien der chemischen und biologischen Evolution fordern, dass die Information allein von Materie und Energie stammen muss (kein Sender), können wir schließen, dass all diese Theorien und Konzepte der chemischen und biologischen Evolution (Makroevolution) FALSCH sein müssen. (Anwendung von NGI-1, NGI-2, NGI-4b, NGI-4d) Begründung: Die Evolutionslehre versucht das Leben allein auf physikalisch-chemischer Ebene zu erklären (Reduktionismus). Den Reduktionisten wäre es am liebsten, wenn es einen fließenden Übergang vom Unbelebten zum Belebten hin gäbe. Mithilfe der Informationssätze können wir eine grundsätzliche und weitreichende Schlussfolgerung ziehen: Die Idee der

Makroevolution - also der Weg von der Urzelle bis hin zum Menschen - ist falsch. Information ist ein grundlegender und absolut notwendiger Faktor für alle lebenden Systeme. Jede Informa-

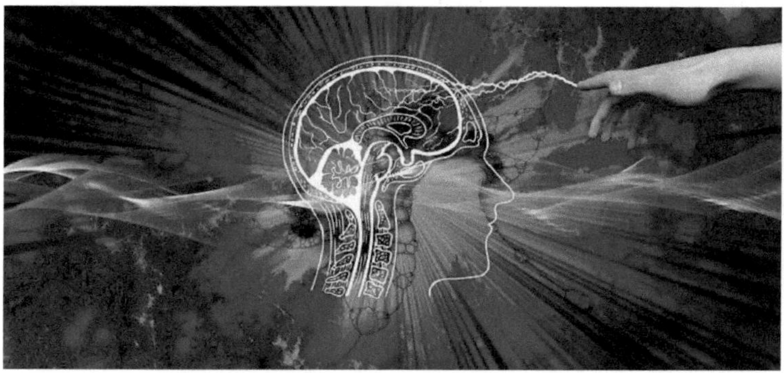

tion aber - und davon sind lebende Systeme nicht ausgenommen - braucht einen geistigen Urheber. Das Evolutionssystem erweist sich im Angesicht der Informationssätze als ein „Perpetum mobile der Information". Nun taucht folgende Frage auf: Wo finden wir den Sender der Information bezüglich der DNS-Moleküle? Er kann doch überhaupt nicht ausgemacht werden. Ist diese Information darum irgendwie molekularbiologisch entstanden? Die Antwort ist dieselbe, die wir auch in den folgenden Fällen geben:

Wenn wir uns die Informationsfülle ansehen, die in Ägypten in Hieroglyphen festgehalten ist, dann ist dort auf keinem Stein etwas von dem Sender zu erkennen. Wir finden nur seine Spuren, die er in Stein gemeißelt hat. Niemand aber würde behaupten, diese Information sei ohne Sender und ohne geistiges Konzept entstanden.
Sind zwei Computer miteinander verbunden, die Information austauschen und bestimmte Prozesse anstoßen, dann ist von dem Sender auch nichts zu erkennen. Alle Information aber ist irgendwann einmal von einem (oder mehreren) Programmierer(n) erdacht worden. Die Information in den DNS-Molekülen wird übertragen an RNS-Moleküle; dies geschieht in analoger Weise wie ein Computer an den anderen Information transferiert. In der Zelle ist eine äußerst komplexe Biomaschinerie am Werk, die die programmierten Befehle in genialer Weise umsetzt. Von dem Sender sehen wir zwar nichts - genauso wie bei den oben genannten Beispielen -, aber ihn zu ignorieren, wäre ein unerlaubter Reduktionismus. Wir dürfen uns nicht wundern, wenn die Programme des Senders der biologischen Information viel genialer sind als alle unsere menschlichen Programme. Schließlich haben wir es hier - wie bereits in Schlussfolgerung Nr. 2 näher erläutert - mit einem Sender unendlicher Intelligenz zu tun. Des Schöpfers Programm ist so genial konzipiert, dass sogar weitreichende Anpassungen und Adaptionen an neue Bedingungen möglich sind. In der Biologie werden solche Vorgänge als Mikroevolution bezeichnet. Sie haben jedoch nichts mit einem evolutiven Prozess zu tun, sondern sind Parameteroptimierungen innerhalb derselben Art.

Kurz: Die Informationssätze schließen eine Makroevolution, wie sie im Rahmen der Evolutionslehre vorausgesetzt wird, aus. Hingegen sind Variationen mit oft weitreichenden Adaptionen innerhalb einer Art mithilfe des vom Schöpfer erstellten genialen Programms erklärbar. Die Bibel betont im Schöpfungsbericht immer wieder, dass alle Pflanzen und Tiere nach ihrer Art geschaffen wurden. Neunmal wird dies wiederholend in dem ersten Kapitel der Bibel gesagt wie z.B. in *1. Mose 1,24-25:* „Und Gott sprach: Die Erde bringe hervor lebendiges Getier, ein jedes nach seiner Art: Vieh, Gewürm und Tiere des Feldes, ein jedes nach seiner Art. Und es geschah so. Und Gott machte die Tiere des Feldes, ein jedes nach seiner Art, und das Vieh nach seiner Art und alles Gewürm des Erdbodens nach seiner Art. Und Gott sah, dass es gut war."

Schlussfolgerung Nr. 8: Kein Leben aus der Materie S8: Weil das Lebendige eine nicht-materielle Größe ist, kann die Materie sie nicht hervorgebracht haben. Daraus schließen wir: Es gibt keinen Prozess in der Materie, der vom Unbelebten zum Leben hin führt. Rein materielle Vorgänge können weder auf der Erde noch anderswo im Universum zum Leben führen. (Anwendung von NGI-1) Begründung: Die Vertreter der Evolutionslehre behaupten, dass Leben sich allein im Rahmen materieller Prozesse einstellt, wenn nur die entsprechenden Randbedingungen erfüllt sind. Das, was das Lebendige (oder das Phänomen Leben) eines Lebewesens ausmacht, ist ebenso von nicht-materieller Art wie Information. Somit können wir das Naturgesetz NGI-1 anwenden, das besagt, „eine materielle Größe kann keine nicht-materielle Größe hervorbringen". Da Leben etwas Nicht-Materielles ist, bedarf es für jede Art von Leben eines geistigen Urhebers.

Wie die Schlussfolgerung Nr. 8 zeigt, konnten wir mithilfe eines neuartigen Ansatzes die spontane Lebensentstehung in der Materie ausschließen. In Schlussfolgerung Nr. 7 kamen wir zu demselben Ergebnis mithilfe der Sätze über Information. Zusammenfassung: Wir haben vier Naturgesetze über Information vorgestellt. Als Konsequenz ergeben sich weitreichende Schlussfolgerungen, die sowohl Gott als auch den Ursprung des Lebens und das Menschenbild betreffen. Mithilfe der Informationssätze konnten wir mehrere Ideen widerlegen: - die rein materialistische Denkweise in den Naturwissenschaften - alle gängigen Evolutionsvorstell-ungen (chemische, biologische Evolution) - den Materialismus (z. B. das materialistische Menschenbild) - die Urknallhypothese - den Atheismus.

??? 

!!!

========================

<u>Über mich</u>

Mein Name ist *Michael Thalhammer* und ich komme aus Graz, das liegt in der grünen Steiermark. Ich bin Vater von drei erwachsenen Kindern und mehrfacher Großvater und lebe jetzt mit meiner Frau Maria in Wien. Vor meiner Pensionierung war ich hauptsächlich im sozialen Bereich tätig, habe aber auch öfters nur handwerklich gearbeitet.

Ich war schon von klein auf ein Tüftler. So habe schon als 6-jähriger Junge meiner Mutter einen brauchbaren, handkurbelbetriebenen Schlagobersrührer gebaut. Zwar bin ich kein ausgebildeter Techniker oder Theologe, doch bin ich im Praktischen geschickt, und ich empfinde die heutigen Lebensweisen als bedenklich im Unheilvollen. Daher wagte ich mich über beide Themen und erhoffe einfach das Beste. Bitte überseht etwaige Fehleinschätzungen mit humorvoller Nachsicht.

Meine liebevolle Frau nennt mich gelegentlich scherzhaft "Materialtester". Sie gibt mir immer gute Ratschläge und hilft mir bei der Textbearbeitung.

Seit über 20 Jahren entwickle ich nachhaltige technologische Ideen in den Bereichen Mobilität, Landwirtschaft, *zero-plastic*, nachhaltiges Bauen und einiges mehr. Als *Open-Source*-Netzwerker erhoffe ich meine Ideen auf dem freien Markt (ohne finanziell eigener Absicht) umgesetzt zu sehen.

<u>Warum veröffentliche ich die hier gezeigten Ansätze als patentfreien Stand der Technik?</u>

Erstens erstreckt sich Patentschutz nicht auf dringend notwendige Umweltschutzerfindungen, wenn wie hier, vorrangige Öffentlichkeitsrechte berührt werden. Zweitens sind Patentrechte und deren Verteidigung praktisch nur noch durch große Firmen und so gut wie nie durch eine Privatperson realisierbar. Und drittens lassen sich veröffentlichte Ideen als "open source" schneller verbreiten.

Sie und jede Firma können diese Ansätze also zu einer Produktlinie Ihrer Marke ausbauen. Keine Lizenzen, keine strikten Bedingungen.

Leider werden die im Genf ansässigen Weltpatentamt und nationalen Patentämtern patentierten Besitzansprüche auch auf Medikamente, Saatgut, genetische Kreationen und sogar auf Lebendiges als rechtmäßig zugelassen. Dies zeigt, wie sehr dieser Rechtsbereich bereits den Marktwünschen angepasst wurde.

Für Michael zu seinem 70. Geburtstag

Die 70 sieht man dir nicht an,
bist lange noch kein alter Mann

Fährst mit dem Fahrrad quer durch Wien
Kannst auch noch arbeiten auf den Knien
Auch sonst bist du noch super fit
Bekommst nicht immer alles mit ;-)

Aber das muss auch nicht immer sein
So wie du bist, bist du ganz fein.
Bist stets beschäftigt

Mit Erfinden und Denken
Willst die Welt in andere Bahnen lenken

Der Computer ist dein treuer Begleiter
Schickst Mails und netzwerkst
Und kommst auch immer ein Stück weiter

Als Michi-Opa sehr beliebt
Zum Vorlesen, Lego Bauen,
und was es sonst noch gibt

Bist kommunikativ und hilfsbereit als wie
Nur am Handy, da erreicht man dich nie ;-)
Zu deinem 70er nur das Beste
Und hoffentlich noch viele gemeinsame Feste!

Geschrieben von meiner Stieftochter Susanna – 21. 07. 2021 - DANKE!

ooooooooooooooooooo

S U M M A R U M

Auf Papier wenigstens, war meine Familie evangelisch getauft. Meine späte aber bewusste Hinwendung zum Christlichen, machte aus mir zwar keinen anderen oder „besseren" Menschen, und doch wurde ich seither fröhlicher, sanfter und geduldiger. Bei mir hieß es: aufschreiben, was mir der Geist nächtlich an Ideen eingab und es publik machen, sowie Treue halten in Beziehungen, Ehe und Religion.

Nach all dem *mit dem* Finger auf andere(s) zeigen, nun auch zu meinen drei Fingern die auf mich zurück weisen: ich gestehe - Jahrzehnte meines kunterbunten Esoterik-Auslebens waren geprägt von Such(t)irrungen! Über Psychologie, Marxismus, uns fremdem übernommenen

Buddhismus/Hinduismus, bis hin zu exzessivem Cannabiskonsum, Kleptomanie und Porno-
sucht - alles wollte ich ausprobiere - auf all dies war ich "neugierig".

Bevor ich mich vor 15 Jahren zum katholischen Glauben entschied, war ich auch in einer "freien
Christengemeinde". Dort fühlte ich mich von deren gruppendynamischen Charisma ange-
zogen, begeistert.
An dieser Stelle meiner Weg- und Irrungsbeschreibungen muss ich mich bei vielen - besonders aber bei meinen Eltern, die sich noch Jahren ihrer Trennung um mich Sorgen machten
- um Nachsicht bemühen, mich entschuldigen. Niemanden will ich böse Vorhaltungen machen
- zugleich bitte ich all jene die ich geschädigt oder brüskiert habe, um gnädige Vergebung.

Nun lebe ich - besonders auch vor Gott - in Gewissheit und der Hoffnung auf eine <u>besserer
Zukunft</u> :
*In ihr wird es - wie immer geschehend - einen für alle guten Unterhalt geben. Jeder und jede -
Straßenkehrer, Manager, Fleißige, Träge, Kranke, Kinder und Greise - stehen dann in gleichem
Lohn. Revolutionen, Programme und bisherige Zwänge sind dann vorüber, und es hebt die volle
Freiheit vom bisherigen Wirtschaftskampf an.*
*Geld „gilt" dann nicht als Mammon; es „spielt" dann neue Melodien - im gegenseitigen Dienen
und Helfen; und in allgemeiner Liebe zur Schöpfung. Diese harmonische »Lobgesangswähr-ung«
wird im neuen Jerusalem ein weithin sichtbares Leuchten und eine weithin spür- und hörbare
Freude haben.*

- - - - - - - - - - - - -

Noch herrscht das völlig absurd gewordene Handlungsgeflecht von Zinsbelastetem Geld,
welches im Licht sich langsam reduzierenden Konkurrenzdenkens, einem allgemeinen >WIR<
Platz machen wird bzw. möge.   T
Solange noch keine Bereitschaft besteht die Not der Hungernden, Kriegsbedrohten und die
Auswüchse von Prunksucht bei gleichzeitiger Armut - wahrzunehmen und zu lindern - helfen
wohl auch keine technischen Neuerungen, mehr Bildung oder Vorsorgeprogramme weiter!

Das schon im Diesseits anhebende große Gericht Gottes ergibt für jeden das seine. Manche, die
wie mit einem Mühlstein am Hals in den Fluten versinken - und andere, die wie mit einem
Rettungsring aus persönlichem Glauben, Hilfsbereitschaft, Lebensbejahung und Vertrauen
Auftrieb erfahren und so dem allgemeinen Untergang entgehen.

Es wird immer deutlicher, dass es keiner von uns geschaffenen Organisation oder rein
menschlicher Lichtgestalt gelingen kann, die chaotische Unordnung, die wir der hoch-gradig
kunstvoll strukturierten Natur als "natürlicher Ordnung" angetan haben, als Ganzes zu beseiti-
gen, wieder in Ordnung zu bringen.

<u>Es braucht und kommt</u> die Erfüllung des biblisch Vorausgesagten „Neuen Jerusalems" und mit
ihm dessen „lebendige Wasser". Dort erst wird himmlisch herabgekommener Raum als
„Habitat" für alle die guten Willens sind, bereit sein. Bitten wir Gott um positive, innere

164

Veränderung, in Weisheit und Einsicht!

Möge dies - unter allgemeinem Respekt zu anderen Religionen und Kulturen - und gepaart mit
der Treue zum jeweils eigenen Glauben - gut gelingen.

>>   **Der   Herr   hat   Pläne   des   Heils   mit   uns!**   <<

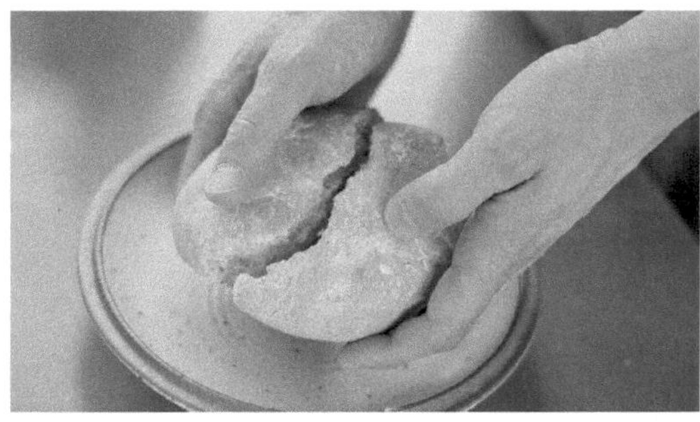

~~~~~~~~~~~~~

In Gegenwart der wahren Realität einer alles umarmenden, tränentrocknenden Agape, schenke
Gott uns auch Weisheit.

Da ersteht in und unter uns, als die Wirkkraft aller Sakramente >>> Das Hohe Lied der Liebe -
als ein Fest ohne Ende!

Daher braucht es <u>und kommt</u> - der „Liebende & Gerechte" - der uns in seine unverwesliche
Glückseligkeit heimführt.

o   o   o   o   o

L I N K S für Innerseelisches:

<u>www.RadioMaria.at</u>   sendet tägl. 24 Stunden buntes katholisches Programm, werbefrei, mit
Digitalempfang. Die Radiothek bietet mit dem Historiker *Dr. Michael Hesemann, Pfarrer Frank
Cöppicus Röttger, Prof. Wolfgang Wehrmann, Dr. Peter Egger* und anderen interessanten
Referenten wertvolle Beiträge. Auch die Büchlein von *Dr. Herbert Madinger* haben mir am
~~~~~~~~~~~~~

Glaubensweg sehr geholfen. Gleichfalls der Roman "Die Hütte": Ein Wochenende mit Gott von *Young-William Paul,* und "Leben am Abgrund" von *Marino Restrepo.*

www.horeb.org ist die Deutschlandversion von RadioMaria.

www.marysmeals.org >Eine Schale Getreide verändert die Welt<

www.arche-noah.at Saatgut Sortenerhaltung

https://www.vertrauenspaedagogik.ch/index.php/aktuellesneu/refresher
www.iconw.de
www.argeschoepfung.at
www.was-darwin-nicht-wusste.de
www.wernergitt.de
www.bibelwissen.ch
https://cenacolo.at
                ... viel freude beim stöbern ;-)

Alle Bilder - außer den Eigenen - stammen aus lizenzfreiem Pixabay.

+   +   +   +   +

Haftungsausschluss

Der Autor übernimmt keinerlei Gewähr hinsichtlich der inhaltlichen Richtigkeit, Genauigkeit, Aktualität, Zuverlässigkeit und Vollständigkeit der Informationen.

Haftungsansprüche, welche sich auf Schäden materieller oder ideeller Art beziehen, die durch die Nutzung oder Nichtnutzung der dargebotenen Informationen bzw. durch die Nutzung fehlerhafter und unvollständiger Informationen verursacht wurden, sind grundsätzlich ausgeschlossen.
Alle Angebote bzw. Anregungen sind freibleibend und unverbindlich.

Eigene hier vorgestellten technischen Innovationen existieren rein als Ideen ohne Firma; es hat daher auch keine eigenen fertigen Produkte. Sie stellen nur Anregungen dar, welche andere Bereitstellen mögen.

Urheberrecht

Gebet zum Heiligen Josef

Sei gegrüßt, du Beschützer des Erlösers
und Bräutigam der Jungfrau Maria.
Dir hat Gott seinen Sohn anvertraut,
auf dich setzte Maria ihr Vertrauen,
bei dir ist Christus zum Mann herangewachsen.
O heiliger Josef, erweise dich auch uns als Vater
und führe uns auf unserem Lebensweg.
Erwirke uns Gnade, Barmherzigkeit und Mut
und beschütze uns vor allem Bösen. Amen.

Papst Franziskus, Patris Cord

Dank sei Gott dem Herrn - in Freude - Halleluja